智能机器人

第二版

陈黄祥 主编

化学工业出版社

·北京·

内 容 简 介

本书主要介绍了智能机器人的过去、发展现状和未来展望,机器人设计与DIY,仿人机器人,轮式机器人,工业机器人和机械手,服务和玩具机器人,微型机器人,网络机器人,军用机器人,机器人传感器、驱动器和控制器,机器人竞赛国内外发展历史及现状、AI与机器人等内容。本书以普及机器人技术、凸显创造与创新、培养科学素质为宗旨,开展智能机器人知识普及学习,该学习是一项集电子、信息技术、自动控制和创新设计于一体的科技学习活动,是建立在自主探究、合作学习和快乐教育之上的新型教学和自学模式。

本书内容翔实,深入浅出,可读性强,适合广大机器人爱好者阅读,可作为在相关行业从事智能机器人研究和开发的科学工作者和工程技术人员及高等院校师生参加机器人竞赛的参考书,也可作为相关院校专业教学用书。

图书在版编目(CIP)数据

智能机器人/陈黄祥主编.—2版.—北京:化学工业出版社,2021.6(2023.1重印)
ISBN 978-7-122-38818-6

Ⅰ.①智… Ⅱ.①陈… Ⅲ.①智能机器人
Ⅳ.①TP242.6

中国版本图书馆CIP数据核字(2021)第056224号

责任编辑:韩庆利	文字编辑:袁 宁 张 宇 陈小滔
责任校对:王素芹	装帧设计:刘丽华

出版发行:化学工业出版社(北京市东城区青年湖南街13号 邮政编码100011)
印　　装:北京科印技术咨询服务有限公司数码印刷分部
787mm×1092mm 1/16 印张13 字数297千字 2023年1月北京第2版第2次印刷

购书咨询:010-64518888　　　　　　　　　售后服务:010-64518899
网　　址:http://www.cip.com.cn
凡购买本书,如有缺损质量问题,本社销售中心负责调换。

定　　价:49.80元

第二版前言

从 1954 年美国人 Devol 颁布工业机器人专利至今已经半个多世纪了。它的成长历程印证了这样的论断：机器人是 20 世纪人类的伟大发明。智能机器人学的进步和应用是 20 世纪自动控制最有说服力的成就，是当代最高意义的自动化。智能机器人技术将筑起 21 世纪人类新的"长城"。

智能机器人融合了机械、电子、传感器、无线通信、声音识别、图像处理和人工智能等领域的先进技术，涉及多门学科，是一个国家科技发展水平和国民经济现代化、信息化的重要标志。因此，智能机器人技术是世界强国重点发展的高科技，也是世界公认的核心竞争力之一。

为了提高社会的生产水平和人们的生活质量，常常让智能机器人替人们干那些人干不了、干不好的工作。随着现代科学技术（尤其是微电子技术）的迅猛发展，机器人技术已广泛应用于人类社会的各个领域。所以，在我们当今的国防、工业生产、百姓生活中，智能机器人已经无处不在。随着人们对机器人的要求越来越高以及科学技术的发展，智能机器人的前沿领域也得到了飞速的发展。机器人的应用也成为一个国家工业自动化水平的重要标志，如汽车、摩托车、家电、烟草、陶瓷、工程机械、矿山机械、物流、铁路机车等诸多行业，在医疗器械方面也有新的突破。弧焊、点焊、涂胶、切割、搬运、码垛、喷漆和医疗手术等方面的应用和研究又进一步促进了机器人的发展。从信息产业的角度看，智能机器人产业将是继 IT 产业之后，具有巨大潜力和发展空间的一项产业，已经越来越得到世界各国政府和社会的重视。各国产、学、研相关机构均投入大量资源进行机器人技术和产业的研究开发，未来将是智能机器人时代。

智能机器人也是一个典型的自动化系统，是目前世界各国进行工程训练、教学实验和研究的最为理想的平台。随着自动化技术的发展，许多创新的工程专业都有了共同的专业基础课程，那就是计算机、电子电路、检测技术与传感器、控制原理与控制工程，可以说这些专业基础课程是现代创新工程专业普遍性原理，也可以将其称为现代创新工程之道。所以许多国内外的知名公司都相继在开发各种教育与娱乐机器人，为现代创新工程专业教育提供共同的教育平台，引导学生学习电子电路、检测技术与传感器、控制原理与控制工程等基础课程。很多国家已经将智能机器人教育列为学校的科技教育课程，在学校普及机器人知识，从可持续和长远发展的角度，为本国培养机器人研发人才。

智能机器人的世界是一个丰富多彩、奥妙无穷的世界。本书以普及机器人技术、凸显创造与创新、培养科学素质为宗旨，开展智能机器人知识普及学习。该学习也是一项集电子、信息技术、自动控制和创新设计于一体的科技学习活动，是建立在自主探究、合作学习和快乐教育之上的新型教学和自学模式，能结合样机进行教学，效果更好。

本书的内容将引领读者进入这个激动人心的前沿领域，在各式机器人的认知、设计、组装、应用的学习过程中，学会体验科学创新带来的快乐，增强探求科学知识的自信心和创造力。

本书可作为机电一体化、机器人、计算机控制等专业学生的教学用书和参考书，也可以作为学校选修课的教学用书，同时也是参加各种竞赛活动必不可少的工具书，更适合机器人爱好者，从事机器人研究、开发和应用的科技人员参考使用。

本书由陈黄祥主编，谢光、张成学参编。

本书得以完成，得助于多位兄弟院校的老师参与编写。本书参考了部分文献并做了较多的总结，不足之处，望读者指正。

编　者

目 录

第一章
机器人的过去、发展现状和未来展望

人类对机器人的幻想与追求已有3000多年的历史。公元前770年至公元前256年东周时期，中国人就已发明了古代机器人。当今世界，只要谈及机器人，言必欧美、日本，然而可曾知道世界上最早制出古代机器人的，是我们中国人。我国制出的古代机器人不仅精巧，用途很广泛，而且款式多样。例如：会跳舞的机器人、会唱歌吹笙的机器人和会捉鱼的机器人等。

一、我国古代机器人

1. 指南车

中国机器人最早的记载，恐怕就是黄帝与蚩尤的那场大战，为对付蚩尤布下的雾阵而发明的指南车（如图1-1所示）。后世对指南车的真伪一直有争议，东汉张衡就成功造了一部。三国时，魏明帝曹睿曾命令马钧也造了一部，造成之后当众展示，这车无论怎样前进、后退、转弯，木人的手一直牢牢地指向南方。南朝刘宋开国皇帝刘裕，曾缴获一部指南车，修复内部机件后，车上的小木人就会自动指向南方。南齐皇帝萧道成命祖冲之造指南车，祖冲之设计了一套铜制齿轮传动机构，与另一位能人造的指南车比试，结果那人比输了。

2. 木牛流马

三国时，诸葛亮制作的木牛流马发挥了重要作用，可惜失传于世。传说诸葛亮的木牛流马可以不吃不喝，却能驮运粮食行走自由。用其在崎岖的栈道上运送军粮，且"人不大劳，牛不饮食"。与王充记载鲁班木车马的寥寥数语相比，《三国志》《三国演义》等书对诸葛亮的木牛流马的记述可算是绘声绘色、活灵活现、极为详尽了。但不知为什么，陈寿和罗贯中等对木牛流马的制作原理和工艺却不提一字。

《三国演义》第一百二十回"司马懿占北原渭桥 诸葛亮造木牛流马"中描写诸葛亮六出祁山，七擒孟获，威震中原，发明了一种新的运输工具，叫"木牛流马"，解决了几十万大军的粮草运输问题，这种工具比现在的还先进，不用能源，不会造成能源危机。央视10套还播放了现代版的木牛流马（如图1-2所示），但是似乎不如诸葛先生那时的高明，不是很好用。

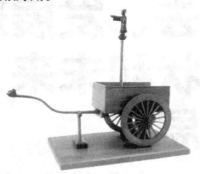

图1-1　指南车

图1-2　现代版的木牛流马

3. 会捉鱼的机器人

唐代的机器人还用于生产实践。唐朝的柳州史王据，研制了一个类似水獭的机器人。它能沉在河湖的水中，捉到鱼以后，它的脑袋就露出水面。它为什么能捉鱼呢？因为，在这个机器人的口中放上了鱼饵，并安有发动的部件，用石头缒着它就能沉入水中。当鱼吃了鱼饵之后，这个部件就发动了，石头就从它的口中掉到水中，当它的口合起来时，衔在口中的鱼就跑不了，它就从水中浮到水面。这是世界上最早用于生产的机器人。此外，在《拾遗录》等书中，还记载了古代机器人登台演戏等机巧神妙。

4. 记里鼓车

图1-3　记里鼓车

记里鼓车又名记道车、大章车（如图1-3所示）。它是利用车轮带动大小不同的一组齿轮，使车轮走满一里时，其中一个齿轮刚好转动一圈，该轮轴拨动车上木人打鼓或击钟，报告行程。第一个在史书中留下姓名的记里鼓车机械专家，是三国时代的马钧。

马钧，字德衡，三国时曹魏人，是当时闻名的机械大师。他不仅制造了指南车、记里鼓车，而且改进了绫机，提高织造速度，创制翻车（即龙骨水车），设计并制造了以水力驱动大型歌舞木偶乐队的机械等，可惜，他的生卒年并无详尽记载，只知道他当过小官吏，并因不擅辞令，一生并不得志。

　　到宋代，卢道隆于1027年制成记里鼓车，以及吴德仁于1107年同时制成指南车和记里鼓车的详情，则被记载于《宋史·舆服志》中。 记里鼓车是配有减速齿轮系的古代车辆，因车上木人击鼓以示行进里数而得名，一般作为帝王出行仪仗车辆，至迟在汉代已问世。

　　其工作原理是，利用车轮带动大小不等的若干齿轮，当车轮走满一里时，其中一个齿轮恰好转一圈，拨动木人去打鼓，每走十里则另一齿轮也转了一圈，再拨动木人打钟。这一原理与现代汽车上的里程表的原理相同。记里鼓车的创造是近代里程表、减速器发明的先驱，是科学技术史上的一项重要贡献。

5.鲁班木鸟

　　春秋后期，我国著名的木匠鲁班，在机械方面也是一位发明家。据《墨经》记载，鲁班曾制造过一只木鸟，能在空中飞行"三日不下"，体现了我国劳动人民的聪明智慧。如图1-4所示。

图1-4　鲁班木鸟

二、外国古代机器人

　　公元前2世纪，古希腊人发明了最原始的机器人——太罗斯，它是以水、空气和蒸汽压力为动力的会动的青铜雕像，它可以自己开门，还可以借助蒸汽唱歌（如图1-5所示），如气转球、自动门等。

　　1662年，日本的竹田近江利用钟表技术发明了自动机器玩偶（如图1-6所示），并在大阪的道顿堀演出。

图1-5　太罗斯

图1-6　自动机器玩偶

1738年，法国天才技师杰克·戴·瓦克逊发明了一只机器鸭，它会嘎嘎叫，会游泳和喝水，还会进食和排泄。瓦克逊的本意是想把生物的功能加以机械化而进行医学上的分析。

1773年，在当时的自动玩偶发明者中，最杰出的要数瑞士的钟表匠杰克·道罗斯和他的儿子利·路易·道罗斯。他们连续推出了自动书写玩偶、自动演奏玩偶等，他们创造的自动玩偶是利用齿轮和发条原理制成的。它们有的拿着画笔和颜色绘画，有的拿着鹅毛蘸墨水写字，结构巧妙，服装华丽，在欧洲风靡一时。由于当时技术条件的限制，这些玩偶其实是身高一米的巨型玩具。现在保留下来的最早的机器人是瑞士努萨蒂尔历史博物馆里的少女玩偶，它制作于二百年前，两只手的十个手指可以按动风琴的琴键而弹奏音乐，现在还定期演奏供参观者欣赏，展示了古代人的智慧。

19世纪中叶，自动玩偶分为2个流派，即科学幻想派和机械制作派，并各自在文学艺术和近代技术中找到了自己的位置。1831年歌德发表了《浮士德》，塑造了人造人"荷蒙克鲁斯"；1870年霍夫曼出版了以自动玩偶为主角的作品《葛蓓莉娅》；1883年科洛迪的《木偶奇遇记》问世；1886年《未来的夏娃》问世。在机械实物制造方面，1893年摩尔制造了"蒸汽人"，"蒸汽人"靠蒸汽驱动双腿沿圆周走动。

三、国内外机器人发展现状

1. 我国机器人发展情况

20世纪70年代后期，我国已在"七五"计划中把机器人列入国家重点科研规划内容，拨巨款在沈阳建立了全国第一个机器人研究示范工程，全面展开了机器人基础理论与基础元器件研究。几十年来，相继研制出示教再现型的搬运、点焊、弧焊、喷漆、装配等门类齐全的工业机器人及水下作业、军用和特种机器人。1986年3月开始的国家863高科技发展规划已列入研究、开发智能机器人的内容，国家投入几个亿的资金进行了机器人研究，使得我们国家在机器人这一领域得到迅速发展。

目前我们国家比较有代表性的研究，有工业机器人、水下机器人、空间机器人、核工业机器人，都在国际上处于领先水平。总体上，我们国家与发达国家相比还存在差距，但是在上述这些水下、空间、核工业等一些特殊机器人方面，我们取得了很多有特色的研究成就。国际上目前研究的课题，国内的研究人员也有涉及，甚至在某些方面还比国外超前。

2019世界机器人大会于8月25日在北京闭幕。会上发布的《中国机器人产业发展报告（2019年）》显示，全球机器人整体市场规模持续增长，中国机器人市场需求潜力巨大，工业领域以突破机器人关键核心技术为首要目标，服务领域智能水平快速提升，与国际领先水平基本并跑，颇具成长空间。

中国工业机器人自2010年以后需求激增，自2013年开始超过日本，2014年超过欧洲。2019年，全球机器人市场规模达到294.1亿美元，2014年至2019年的平均增长率约为12.3%。其中，中国机器人市场规模达到86.8亿美元，2014年至2019年的平均增长率达到20.9%。中国工业机器人销量已经连续多年居全球首位。

2. 国外机器人发展现状

（1）美国　美国是现代机器人的诞生地。1959 年，美国Unimation 公司就生产出了世界上第一台工业机器人，比起号称"机器人王国"的日本起步至少要早五六年。1968年，美国斯坦福研究所研发成功的机器人Shakey公布，成为世界第一台智能机器人。经过多年的发展，美国现已成为世界上的机器人强国之一，基础雄厚，技术先进。纵观它的发展史，道路是曲折的，不平坦的。

美国政府从20世纪60年代到70年代中的十几年期间，并没有把工业机器人列入重点发展项目，只是在几所大学和少数公司开展了一些研究工作。对于企业来说，在只看到眼前利益，政府无财政支持的情况下，宁愿错过良机，固守在使用刚性自动化装置上，也不愿冒着风险，去应用或制造机器人。同时，当时美国失业率高达6.65%，政府担心发展机器人会造成更多人失业，因此不予投资，也不组织研制机器人，这不能不说是美国政府的战略决策错误。70年代后期，美国政府和企业界虽有所重视，但在技术路线上仍把重点放在研究机器人软件及军事、宇宙、海洋、核工程等特殊领域的高级机器人的开发上，致使日本的工业机器人后来居上，并在工业生产的应用上及机器人制造业上很快超过了美国，产品在国际市场上形成了较强的竞争力。

进入20世纪80年代之后，美国才感到形势紧迫，政府和企业界才对机器人真正重视起来，政策上也有所体现，一方面鼓励工业界发展和应用机器人，另一方面制订计划、提高投资，增加机器人的研究经费，把机器人看成美国再次工业化的特征，使美国在机器人领域迅速发展。

20世纪80年代中后期，随着各大厂家应用机器人的技术日臻成熟，第一代机器人的技术性能越来越满足不了实际需要，美国开始生产带有视觉、力觉的第二代机器人，并很快占领了美国60%的机器人市场。

尽管美国在机器人发展史上走过一条重视理论研究，忽视应用开发研究的曲折道路，但是美国的机器人技术在国际上仍一直处于领先地位，其技术全面、先进，适应性也很强，具体表现在：

① 性能可靠，功能全面，精确度高；

② 机器人语言研究发展较快，语言类型多、应用广，水平高居世界之首；

③ 智能技术发展快，其视觉、触觉等人工智能技术已在航天、汽车工业中广泛应用；

④ 高智能、高难度的军用机器人、太空机器人等发展迅速，主要用于扫雷、布雷、侦察、站岗及太空探测方面。

（2）英国　早在1966年，美国Unimation公司的尤尼曼特机器人和AMF公司的沃莎特兰机器人就已经率先进入英国市场。1967年，英国的两家大机械公司还特地为美国这两家机器人公司在英国推销机器人。接着，英国 Hall Automation公司研制出自己的机器人RAMP。20世纪70年代初期，由于英国政府科学研究委员会颁布了否定人工智能和机器人的Lighthall报告，对工业机器人实行了限制发展的严厉措施，因而机器人工业一蹶不振，在西欧差不多居于末位。

但是，国际上机器人蓬勃发展的形势很快使英政府意识到：机器人技术的落后，导致其商品在国际市场上的竞争力大为下降。于是，从20世纪70年代末开始，英国政府转而采取支持态度，推行并实施了一系列支持机器人发展的政策和措施，如广泛宣传使用机器人的重要性、在财政上给购买机器人企业以补贴、积极促进机器人研究单位与企业联合等，使英国机器人开始了在生产领域广泛应用及大力研制的兴盛时期。

（3）法国　法国不仅在机器人拥有量上居于世界前列，而且在机器人应用水平和应用范围上处于世界先进水平。这主要归功于法国政府一开始就比较重视机器人技术，特别是把重点放在开展机器人的应用研究上。

法国机器人的发展比较顺利，主要原因是通过政府大力支持的研究计划，建立起一个完整的科学技术体系，即由政府组织一些机器人基础技术方面的研究项目，而由工业界支持开展应用和开发方面的工作，两者相辅相成，使机器人在法国企业界很快发展和普及。

（4）德国　德国工业机器人的总数占世界第三位，仅次于日本和美国。它比英国和瑞典引进机器人大约晚了五六年。其所以如此，是因为德国的机器人工业一起步，就遇到了国内经济不景气。但是德国的社会环境却是有利于机器人工业发展的。战争导致的劳动力短缺，以及国民技术水平高，都是实现使用机器人的有利条件。到了20世纪70年代中后期，政府采用行政手段为机器人的推广开辟道路。在"改善劳动条件计划"中规定，对于一些有危险、有毒、有害的工作岗位，必须以机器人来代替普通人的劳动。这个计划为机器人的应用开拓了广泛的市场，并推动了工业机器人技术的发展。日耳曼民族是一个重实际的民族，他们始终坚持技术应用和社会需求相结合的原则。除了像大多数国家一样，将机器人主要应用在汽车工业之外，突出的一点是德国在纺织工业中用现代化生产技术改造原有企业，报废了旧机器，购买了现代化自动设备、电子计算机和机器人，使纺织工业成本下降、质量提高，产品的花色品种更加适销对路。到1984年终于使这一被喻为"快完蛋的行业"重新振兴起来。与此同时，德国看到了机器人等先进自动化技术对工业生产的作用，提出了1985年以后要向高级的、带感觉的智能型机器人转移的目标。经过几十年的努力，其智能机器人的研究和应用方面在世界上处于公认的领先地位。

（5）日本　日本在20世纪60年代末正处于经济高度发展时期，年增长率达11%。第二次世界大战后，日本的劳动力本来就紧张，而高速度的经济发展更加剧了劳动力严重不足的困难。为此，日本在1967年由川崎重工业公司从美国Unimation公司引进机器人及其技术，建立起生产车间，并于1968年试制出第一台川崎的"尤尼曼特"机器人。

正是由于日本当时劳动力显著不足，机器人在企业里受到了"救世主"般的欢迎。日本政府一方面在经济上采取了积极的扶植政策，鼓励发展和推广应用机器人，从而更进一步激发了企业家从事机器人产业的积极性。尤其是政府对中小企业的一系列经济优惠政策，如由政府银行提供优惠的低息资金，鼓励集资成立"机器人长期租赁公司"，公司出资购入机器人后长期租给用户，使用者每月只需付较低廉的租金，大大减轻了企业购入机器人所需的资金负担；政府把由计算机控制的示教再现型机器人作为特别折扣优待产品，企业除享受新设备通常的40%折扣优待外，还可再享受13%的价格补贴。另一方面，国家出资对小企业进行应用机器人的专门知识和技术指导等等。

这一系列扶植政策，使日本机器人产业迅速发展起来，经过短短的十几年，到20世纪80年代中期，已一跃成为"机器人王国"，其机器人的产量和安装的台数在国际上跃居首位。按照日本产业机器人工业会常务理事米本完二的说法：日本机器人的发展经过了

60年代的摇篮期，70年代的实用期，到80年代进入普及提高期。日本正式把1980年定为"产业机器人的普及元年"，开始在各个领域内广泛推广使用机器人。

日本政府和企业充分信任机器人，大胆使用机器人。机器人也没有辜负人们的期望，它在解决劳动力不足、提高生产率、改进产品质量和降低生产成本方面，发挥着越来越显著的作用，成为日本保持经济增长速度和产品竞争能力的一支不可缺少的队伍。

日本在汽车、电子行业大量使用机器人生产，使日本汽车及电子产品产量猛增，质量日益提高，而制造成本则大为降低，从而使日本生产的汽车能够以价廉的绝对优势进军号称"汽车王国"的美国市场，并且向机器人诞生国出口日本产的实用型机器人。此时，日本价廉物美的家用电器产品也充斥了美国市场。日本由于制造、使用机器人，增强了国力，获得了巨大的好处，迫使美、英、法等许多国家不得不采取措施，奋起直追。

四、20世纪后机器人案例

进入20世纪后，机器人的研究与开发得到了更多人的关心与支持，一些实用化的机器人相继问世。1959年第一台工业机器人（可编程、圆坐标）在美国诞生，开创了机器人发展的新纪元。部分案例如下。

1927年，美国西屋公司工程师温兹利制造了第一个机器人"电报箱"，并在纽约举行的世界博览会上展出，它是一个电动机器人，装有无线电发报机，可以回答一些简单问题，但该机器人不能走动。

1939年，美国纽约世博会上展出了西屋电气公司制造的家用机器人Elektro。它由电缆控制，可以行走，会说77个词，甚至可以抽烟，不过离真正干家务活还差得远。但它让人们对家用机器人的憧憬变得更加具体。

1942年，美国科幻巨匠阿西莫夫提出"机器人三定律"。虽然这只是科幻小说里的创造，但后来成为学术界默认的研发原则。

1948年，诺伯特·维纳出版《控制论》，阐述了机器中的通信和控制机能与人的神经、感觉机能的共同规律，率先提出以计算机为核心的自动化工厂。

1954年，美国人乔治·德沃尔制造出世界上第一台可编程的机器人，并注册了专利。这种机械手能按照不同的程序从事不同的工作，因此具有通用性和灵活性。

1956年，在达特茅斯会议上，马文·明斯基提出了他对智能机器的看法：智能机器"能够创建周围环境的抽象模型，如果遇到问题，能够从抽象模型中寻找解决方法"。这个定义影响到以后30年智能机器人的研究方向。

1959年，德沃尔与美国发明家约瑟夫·英格伯格联手制造出第一台工业机器人。随后，他们成立了世界上第一家机器人制造工厂——Unimation公司。由于英格伯格对工业机器人的研发和宣传，他也被称为"工业机器人之父"。

1962年，美国AMF公司生产出"Verstran"（意思是万能搬运），与Unimation公司生产的 Unimate 一样成为真正商业化的工业机器人，并出口到世界各国，掀起了全世界对机器人和机器人研究的热潮。

1962—1963年，传感器的应用提高了机器人的可操作性。人们试着在机器人上安装各种各样的传感器。恩斯特于1961年采用了触觉传感器，托莫维奇和博尼于1962年在世界上最早的"灵巧手"上用到了压力传感器，而麦卡锡于1963年开始在机器人中加入视觉传感系统，并在1965年，帮助MIT推出了世界上第一个带有视觉传感器，能识别并定位积木的机器人系统。

1965年，约翰·霍普金斯大学应用物理实验室研制出Beast机器人。Beast已经能通过声呐系统、光电管等装置，根据环境校正自己的位置。

20世纪60年代中期开始，美国麻省理工学院、斯坦福大学，英国爱丁堡大学等陆续成立了机器人实验室。美国兴起研究第二代带传感器、"有感觉"的机器人，并向人工智能进发。1968年，美国斯坦福研究所公布了他们研发成功的机器人Shakey。它带有视觉传感器，能根据人的指令发现并抓取积木，不过控制它的计算机有一个房间那么大。Shakey可以算是世界第一台智能机器人，拉开了第三代机器人研发的序幕。

1969年，日本早稻田大学加藤一郎实验室研发出第一台以双脚走路的机器人。加藤一郎长期致力于研究仿人机器人，被誉为"仿人机器人之父"。日本专家一向以研发仿人机器人和娱乐机器人的技术见长，后来更进一步，催生出本田公司的ASIMO和索尼公司的QRIO。

1973年，世界上第一次机器人和小型计算机携手合作，就诞生了美国Cincinnati Milacron公司的机器人T3。

1978年，美国Unimation公司推出通用工业机器人PUMA，这标志着工业机器人技术已经完全成熟。PUMA至今仍然工作在工厂第一线。

1984年，英格伯格制造出机器人Helpmate，这种机器人能在医院里为病人送饭、送药、送邮件。同年，他还预言："我要让机器人擦地板，做饭，出去帮我洗车，检查安全。"

1990年，中国著名学者周海中教授在《论机器人》一文中预言：到二十一世纪中叶，纳米机器人将彻底改变人类的劳动和生活方式。

1998年，丹麦乐高公司推出机器人（Mind-storms）套件，让机器人制造变得跟搭积木一样，相对简单又能任意拼装，使机器人开始走入个人世界。

1999年，日本索尼公司推出犬型机器人爱宝（AIBO），当即销售一空，从此娱乐机器人成为机器人迈进普通家庭的途径之一。

2002年，美国iRobot公司推出了吸尘器机器人Roomba，它能避开障碍，自动设计行进路线，还能在电量不足时，自动驶向充电座。Roomba是目前世界上销量最大、最商业化的家用机器人。

2006年6月，微软公司推出Microsoft Robotics Studio，机器人模块化、平台统一化的趋势越来越明显，比尔·盖茨预言，家用机器人很快将席卷全球。

2008年，世界上第一例机器人切除脑瘤手术成功。施行手术的是卡尔加里大学医学院研制的"神经臂"。

2012年，"发现号"航天飞机（Discovery）的最后一项太空任务将首台人形机器人送入国际空间站。这位机器宇航员被命名为"R2"，它的活动范围接近于人类，并可以执行那些对人类宇航员来说太过危险的任务。

2017年10月26日，沙特阿拉伯授予香港汉森机器人公司生产的机器人索菲亚公民身份。作为史上首个获得公民身份的机器人，索菲亚还于2018年8月24日被在线教育集团iTutorGroup聘请担任人类历史上首位AI教师，开创在线教育新纪元。

2019年2月19日，新华社联合搜狗公司在北京发布全新升级的站立式AI合成主播，并推出全球首个AI合成女主播。这是人工智能与新闻采编深度融合的突破性成果，为媒体融合向纵深发展开辟了新空间。

五、机器人的未来展望

1. 在技术上

现在的普通智能机器人还主要是弱人工智能机器人，自主决策能力多未及人类，而在将来，随着AI、大数据等技术的发展，高智能的机器人将会越来越多，AI机器人的判断、决策、分析等能力在某些领域将达到甚至超过人类精英的水平。

随着众多领域技术的发展，面向各个新应用领域的机器人不断涌现出来。在制造业方面，工业机器人的数量在不断增加；另外，医疗、服务、空间和军事领域等机器人市场也在不断发展。与此同时，曾经是科幻小说素材的消费机器人时代已随着清扫机器人的出现而到来，并开始改变我们的日常家庭生活。

但是要使机器人真正成为我们生活中无处不在的东西，必须在下列方面取得技术进步：

① 缩短实时系统响应的总时间（从传感器到执行器）以增强机器人的性能；

② 先进的人工智能以增强自主决策能力；

③ 传感器和执行器更为小巧和轻便以减小机器人的体积并提高效能；

④ 有能量监测和发电能力以延长自主工作时间。

2. 在规模化生产上

第一台机器人诞生至今，机器人的制造和发展已走过了半个多世纪的历程，全球工业机器人的装机量已超过百万台，形成了一个巨大的机器人产业。同时，非制造业用机器人近些年也发展迅速，并逐步向实用化发展。机器人的制造水平、控制速度和控制精度、可靠性等不断提高，而机器人的制造成本和价格却不断下降。机器人产业的潜力非常巨大，值得强调的是，机器人产业应该是机器人技术产业。正如IT产业不仅限于PC一样，机器人产业也包括所有与机器人技术相关的产业。在产业化大背景的驱动下，不久以后，机器人的发展水平将会得到飞跃性的提升。

目前，机器人产业化需要解决两个问题：标准化以及成本问题。不能每个机器人都不能互相兼容，每一个厂家的研究开发都是从头做起，这样不利于水平的提高。目前这个产业还没有完全做到标准化，成本很难降下来，不管这个产业是用于家用还是娱乐，市场上价格高，只有少部分人用得起，就会影响机器人的普及程度。

3. 在应用方面

　　未来机器人技术与设计发展正朝着自然科学类、仿真动物类、虚拟技术类、人体科学类等机电一体化的多元方向发展，但整体上秉承和发展了科学研究和实际效用的现实性运用。而力矩感应器、惯性感应器、分散控制器和即时控制器等核心技术的运用和发展，对于机器人的各种创意发展作了坚实的技术铺垫。另一方面，部分机器人以可爱、友好、差异化为特点，与人类进行了沟通。通过交流和反馈来表现喜怒哀乐，未来机器人人性化的发展将会成为又一强烈主题。在未来，机器人将会直接参与社会事务和人际交往。情感的客观目的在于正确反映主体所拥有的价值关系，并为主体调整其价值关系提供决策依据和行为驱动力。机器人一旦赋予了情感和意志，就能够在复杂的环境条件下，了解和猜测他人的价值取向、主观意图和决策思路，正确评价和恰当处理与某一社会事务和人际交往有关的价值关系，就可以像人一样独立自主地、应对自如地参与社会事务与人际交往活动。

　　由于科学家创造性地解决了人们梦想中的机器人行走的姿态，2足人型机器人在机器人自动化与人形化领域首次具有了建设性的突破。可以预见在不久的将来，2足人型机器人不仅在关节的灵活性与运动性上进一步向人类靠拢，同时在视觉、听觉，以及思维能力方面将会有更长足的发展，在整体表现上将成为我们"心目中最理想的机器人"，在研究和实际运用领域都将会具有领导性的地位。

　　随着机器人的普及，未来机器人进入家庭将不再是遥不可及的幻想，机器人将会融入家庭，成为家庭成员中和谐的一部分。运用其出色的智能技术，以及严格遵循指令的绝对执行能力，将会在很多地方帮助人们。同时随着人工智能人性化的加入，将会发展和丰富家用机器人的情感表现，温柔而能干的主妇机器人也已经初显雏形。未来实用型家庭机器人能够大致分为5类：能够带来欢乐的娱乐机器人，能够保卫家庭的应用机器人，能够安排生活的静态机器人，能够帮你认人的助理机器人，以及情感复杂的类人机器人。家用机器人时代经常会出现这样的场景：你步入等候室，准备参加一个重要会议，此时，接待员——微笑的类人机器人——会引导你来到椅子旁，然后递上一杯饮料。

　　这些，都是我们对机器人未来发展的美好期待。相信机器人将来是人类不可分离的最好的朋友（如图1-7所示，机器人同人类下棋）。

图1-7　机器人同人类下棋

智能机器人

010

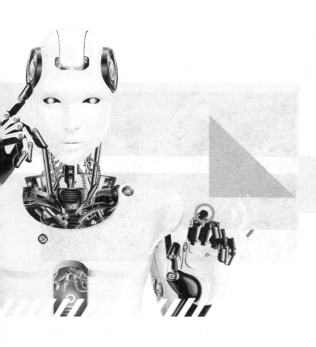

第二章

机器人设计与DIY

1. Solidworks

Solidworks是一款新型的三维造型软件，有一个很好的本地化服务体系，在中国有研发中心，专门针对中国做产品研发。其具有强大的绘图自动化强化性能，人机交互界面相当简单，便于操作，易学易懂，但是想要精通并熟练运用，需要多练习。其属于中端软件，常用于普通机械设计。设计实例如图2-1、图2-2所示。

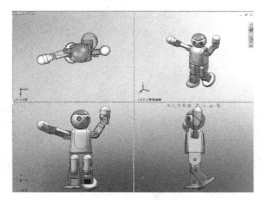

图2-1　仿人机器人设计

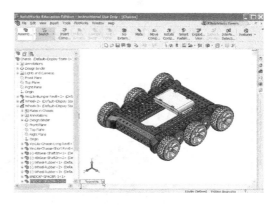

图2-2　轮式机器人设计

2. Pro/Engineer

Pro/Engineer是美国参数技术公司（Parametric Technology Corporation，简称PTC）的重要产品，在模具设计中有其独特之处，功能强大，命令简单，但操作繁琐，另外它有一个强大的曲面功能，很多复杂的曲面它都可以画出。设计实例如图2-3、图2-4所示。

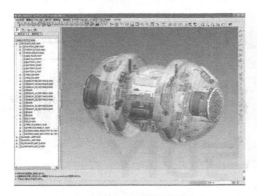

图2-3　音乐机器人设计

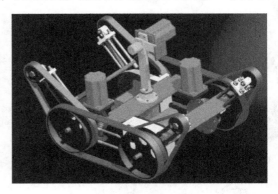

图2-4　越野机器人设计

3. UG

Unigraphics NX（简称UG）号称包括了世界上最强大、最广泛的产品设计应用模块，功能比较齐全，但操作繁琐，不易上手，而且不支持中文路径，所以在安装时避免中文目录。常用于机械加工，在航空航天领域用得较多。设计实例如图2-5~图2-9所示。

图2-5　UG设计实例（1）

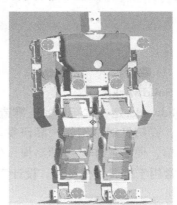

图2-6　UG设计实例（2）

图2-7　UG设计实例（3）

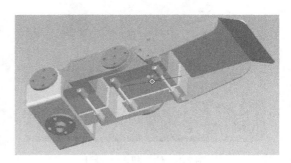

图2-8　UG设计实例（4）

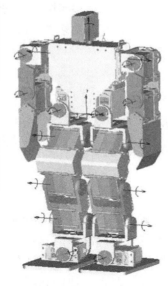

手臂：3×2=6
腿部：5×2=10
头部：1×1=1
总计自由度：17

图为RB-3人形机器人除去胸部件的示意图

图中机器人的17个自由度，已经用矢量法标出

手臂舵机：金属齿轮
腿部舵机：金属齿轮
头部舵机：塑料齿轮

图2-9　UG设计实例（5）

4. AutoCAD

AutoCAD主要用于二维图形的制作，但它的用户非常多，一般会制图的都会用Auto-CAD。AutoCAD是目前世界上应用最广的CAD软件，市场占有率居世界第一。可以采用多种方式进行二次开发和用户定制，国内的浩辰、中望都是基于AutoCAD的二次开发软件。设计实例如图2-10所示。

5. 3D Max

3D Studio Max，常简称为3D Max或3Ds Max，是Discreet公司（后被Autodesk公司合并）开发的基于PC系统的三维动画渲染和制作软件。其前身是基于DOS操作系统的3D Studio系列软件。在Windows NT出现以前，工业级的CG制作被SGI图形工作站垄断。3D Studio Max+Windows NT组合的出现降低了CG制作的门槛，首先开始运用在

图2-10　人形机器人

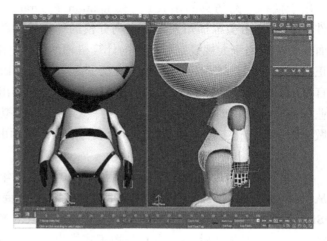

图2-11　3D Max　设计实例

电脑游戏中的动画制作，后更进一步开始参与影视片的特效制作，例如X战警2、最后的武士等。在Discreet 3Ds Max 7后，正式更名为Autodesk 3Ds Max。设计实例如图2-11所示。

二、机器人电路设计常用软件介绍

随着计算机在国内的逐渐普及，EDA（Electronic Design Automatic，电路设计自动化）软件在电路行业的应用也越来越广泛，但和发达国家相比，我国的电路设计水平仍然存在差距。许多从事电路设计工作的人员对EDA软件并不熟悉。笔者此处的目的就是让这些同业者对此有些了解，并以此提高他们利用电脑进行电路设计的水平。以下是一些国内最为常用的EDA软件。

1. Protel

Protel是Protel公司在20世纪80年代末推出的EDA软件，在电子行业的CAD软件中，它当之无愧地排在众多EDA软件的前面，是电子设计者的首选软件。它较早就在国内开始使用，在国内的普及率也最高，有些高校的电子专业还专门开设了课程来学习它，几乎所有的电子公司都要用到它，许多大公司在招聘电子设计人才时，在其条件栏上常会写着要求会使用Protel。

Altium公司2004年推出了Protel 2004。Protel 2004问世不光是为了方便有多年经验的PCB工程师们，它还降低了制作PCB的门槛，通过短时间的培训（即使是自学），很短时间就可以制作一块合格的PCB。

2. SPICE

用于模拟电路仿真的SPICE（Simulation Program with Integrated Circuit Emphasis）软件于1972年由美国加州大学伯克利分校的计算机辅助设计小组利用FORTRAN语言开发而成，主要用于大规模集成电路的计算机辅助设计。SPICE的正式版SPICE 2G在1975年正式推出，但是该程序的运行环境至少为小型机。1985年，加州大学伯克利分校用C语言对SPICE软件进行了改写，并由MicroSim公司推出。1988年SPICE被定为美国国家工业标准。与此同时，各种以SPICE为核心的商用模拟电路仿真软件，在SPICE的基础上做了大量实用化工作，从而使SPICE成为最为流行的电子电路仿真软件。

3. PSPICE

PSPICE采用自由格式语言的5.0版本自20世纪80年代以来在我国得到广泛应用，并且从6.0版本开始引入图形界面。1998年著名的EDA商业软件开发商OrCAD公司与MicroSim公司正式合并，自此MicroSim公司的PSPICE产品正式并入OrCAD公司的商业EDA系统中。不久之后，OrCAD公司正式推出了OrCAD PSPICE Release 10.5。与传统的PSPICE软件相比，PSPICE 10.5在三大方面实现了重大变革：首先，在对模拟电路进行直流、交流和瞬态等基本电路特性分析的基础上，实现了蒙特卡罗分析、最坏情况分析以及优化设计等较为复杂的电路特性分析；第二，不但能够对模拟电路进行仿真，而且能够对数字电路、数/模混合电路进行仿真；第三，集成度大大提高，电路图绘制完成后可直接进行电路仿真，并且可以随时分析、观察仿真结果。PSPICE软件的使用已经非常流行。在大学里，它是工科类学生必会的分析与设计电路工具；在公司里，它是产品从设计、实验到定型过程中不可缺少的设计工具。

4. EWB

EWB是一种电子电路计算机仿真软件，它被称为电子设计工作平台或虚拟电子实验室，英文全称为Electronics Workbench。EWB是加拿大Interactive Image Technologies公司于1988年开发的，自发布以来，已经有35个国家、10种语言的人在使用。EWB以SPICE 3F5为软件核心，增强了其在数字及模拟混合信号方面的仿真功能。

相对其他EDA软件而言，它是个较小巧的软件，只有16M，功能也比较单一，就是进行模拟电路和数字电路的混合仿真，但它的仿真功能十分强大，可以几乎100%地仿真出真实电路的结果，而且它在桌面上提供了万用表、示波器、信号发生器、扫频仪、逻辑分析仪、数字信号发生器、逻辑转换器等工具。它的器件库中则包含了许多大公司的晶体管元器件、集成电路和数字门电路芯片，器件库中没有的元器件，还可以由外部模块导入。在众多的电路仿真软件中，EWB是最容易上手的，它的工作界面非常直观，原理图和各种工具都在同一个窗口内，未接触过它的人稍加学习就可以很熟练地使用该软件。对于电子设计工作者来说，它是个极好的EDA工具，许多电路无需动用烙铁就可得知它的结果，而且若想更换元器件或改变元器件参数，只需点击鼠标即可。它也可以作为电学知识的辅助教学软件使用。

5. VISIO

很多人会认为VISIO不是一个EDA软件，但笔者多年来所有的单片机程序流程图和电路测试流程图以及工艺流程图就是用它制作的，因此认为它也算是半个EDA软件。它是VISIO公司在1991年推出的用于制作图表的软件。在早期它主要用作商业图表制作，后来随着版本的不断提高，新增了许多功能。VISIO 4.0已是个多功能的流程图制作软件，进入国内后很受软件工作者的欢迎。它的界面很友好，操作也很简单，但却具有强大的功能，可以绘出各种各样的流程图，它不仅局限在商业、软件业和电路设计领域，也是所有软件设计者必不可少的工具，可以用它制作的流程图包括电路流程图、工艺流程图、程序流程图、组织结构图、商业行销图、办公室布局图、方位图等。

6. WINDRAFT、WINBOARD和IVEX-SPICE

WINDRAFT和WINBOARD是IVEX公司于1994年推出的电气原理图绘制与印制电路板设计软件，由于推出的时间较晚，因此一开始就是工作在Windows平台上，它们的文件很小，WINDRAFT和WINBOARD 的安装盘都是两张软盘，其中WINDRAFT是用于电气原理图绘制，WINBOARD用于印制电路板设计，其界面都直观友好，可以很快就学会操作。但它们的功能并不多，WINBOARD设计印制电路板时也只能手工布线，但由于它们的易学易用，仍有部分电路设计工作者使用它们。

三、机器人控制上位机编程软件的选择

上位机编程软件的选择对众多初学者来说，绝对是一个难以决策的事情。在作为一种编程工具的意义上，我们认为各个软件如CB（C++Builder）和VC（Visual C++）没有什么本质的区别。就像Word和WPS本质都是文字处理软件一样，对于语言就像我们都用中文在Word和WPS写文章表达我们的思想。CB和VC都是用C++。其他软件都有相同或不同的语言，如VB用的是Basic语言，Delphi用的是Pascal语言。

应用的领域不同，所以选择的条件也不同。如果主要是从上位机传参数设置，显示一些简单的状态，而以下位机控制为主，则侧重于快速上手应用，不需要去深入研究。当然还要考虑与熟悉的语言相结合。下位机编程一般用C语言和汇编，当然也可能用其他语言。如果仅会这两种，那么上位机就考虑用和其差不多的C或C++来编写。如果也会其他的语言，当然选择范围更广一些。由于C语言对界面操作上的复杂化，所以我们一般不会用C语言来写界面类的东西。接下来进一步缩小了选择范围，所以只有VC和CB比较适合了。

对于此两款软件历来争议较大。VC有大量的教材和实例程序，还有微软的支持；而CB虽然有良好的界面组件，但相关资料较少，这是让初学者最为头疼的事情，不过现在还好，由于互联网的强大，和广大CB爱好者的热心，网络上CB的资料已经很多了。

通过上面的分析我们可以作出一些考虑：如果以下位机为主可以选择CB，以上位机为主可以选择VC或CB。当然仅作参考，还有一句话：没有最好的软件，只有最适合的软件。

1. C++ Builder

C++ Builder是Borland继Delphi之后又推出的一款高性能可视化集成开发工具。C++ Builder具有快速的可视化开发环境：只要简单地把控件（Component）拖到窗体（Form）上，定义一下它的属性，设置一下它的外观，就可以快速地建立应用程序界面；C++ Builder内置了100多个完全封装了Windows公用特性且具有完全可扩展性（包括全面支持ActiveX控件）的可重用控件；C++ Builder具有一个专业C++开发环境所能提供的全部功能，包括快速、高效、灵活的编译器优化，逐步连接，CPU透视，命令行工具，等等。它实现了可视化的编程环境和功能强大的编程语言（C++）的完美结合（如图2-12所示）。

图2-12　C++ Builder

2. Visual C++

Visual C++是微软公司高级可视化计算机程序开发语言。C语言被人们称为对计算机程序设计最大的贡献之一。它有高级语言简单易用的特性，又可以完成汇编语言才能做的许多工作。因此，C语言特别适合用来编写各种复杂软件。如果说Basic语言是初学者和业余爱好者的编程语言的话，那么C语言就是专业人员的编程语言了（如图2-13所示）。

3. VB

VB是Visual Basic的简称，是由美国微软公司于1991年开发的一种可视化的、面向对象和采用事件驱动方式的结构化高级程序设计语言，可用于开发 Windows 环境下的各类应用程序。它简单易学、效率高，且功能强大，可以与 Windows 专业开发工具SDK相媲美。在 Visual Basic 环境下，利用事件驱动的编程机制、新颖易用的可视化设计工具，使用Windows内部的广泛应用程序接口（API）函数、动态链接库（DLL）、对象的链接与嵌入（OLE）、开放式数据连接（ODBC）等技术，可以高效、快速地开发Windows环境下功能强大、图形界面丰富的应用软件系统（如图2-14所示）。

图2-13　Visual C++

图2-14　Visual Basic

4. Delphi

Delphi是Windows平台下著名的快速应用程序开发工具（Rapid Application Development，简称RAD）。它的前身，即是DOS时代盛行一时的"Borland Turbo Pascal"，最早的版本由美国Borland（宝兰）公司于1995 年开发。主创者为 Anders Hejlsberg。经过数年的发展，此产品也转移至Embarcadero公司旗下。Delphi是一个集成开发环境（IDE），使用的核心是由传统Pascal语言发展而来的Object Pascal，以图形用户界面为开发环境，透过IDE、VCL工具与编译器，配合连接数据库的功能，构成一个以面向对象程序设计为中心的应用程序开发工具（如图2-15所示）。

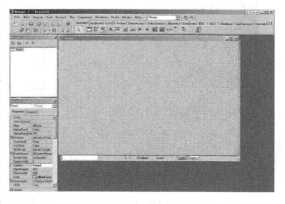

图2-15　Delphi

机器人本体的制作可以用很多种材料，比如木材、塑料、金属等，几乎唾手可得，金属制作的机器人重量总是个问题，所以通常我们都会选择铝合金这种材料。常用铝材主要分为纯铝和铝合金，其中各种参数可以在《机械设计手册》中找到，有硬度和延展性等的说明。比如：纯铝相对软一点，比较容易加工，可以大角度弯折；铝合金就比较硬一点，可以弯折但不能超过90°。纯铝和铝合金不能反复弯折，否则会导致整个零件报废。

按铝材分类主要有：铝板、角铝、铝棒、铝管。

（1）铝板（如图2-16所示） 长宽固然重要，但是在那之前，要先考虑它的厚度，铝板太薄保证不了强度，太厚不易加工。我们开始设计机器人的时候，不管是画在纸上的设计图，还是用软件做的模型，都得提前考虑到，否则会在实际制作中遇到麻烦，比如机器人无比笨重，相应的驱动部分动力不够等问题。推荐一个简单的方法：如果机器人大小在50mm×50mm左右，可选择厚度1mm的板；如果在100mm×100mm左右，可选择厚度2~3mm的板。这些指机器人上面的小零件，如果零件跨度较大，比如小车的底盘，那就直接用厚点的板。当然我们还可以通过改变其形状来增加强度。建议读者购买些尺寸合适的研究裁切的板。

（2）角铝（如图2-17所示） 角铝是个好配件，因为它提供了"天然"的90°角，省去弯折的麻烦，而且可以作为制作其他零件的标尺。我们也可以直接切割成需要的大小作为机器人的腿、胳膊等。甚至可让其和简单的连接件配合，像乐高玩具那样随意搭建自己的机器人。全国大学生机器人大赛里好多机器人都是直接用角铝搭建的骨架，再配合一些电子配件和装饰。

 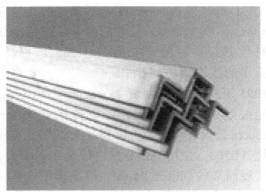

图2-16　铝板　　　　　　　　　　　　　　图2-17　角铝

（3）铝棒（如图2-18所示） 这种材料使用很少，读者可以根据自己的机器人的配件确定是否需要使用。

（4）铝管（如图2-19所示）　有很多用途，可以用它来做机器人的枪炮道具，也可以像角铝那样做机器人的骨架，还可以用它装机器人身上复杂的电线，这样显得机器人更加整齐美观。

图2-18　铝棒

图2-19　铝管

五、机器人DIY的主要工具和过程

1. 主要工具

DIY机器人，在缺乏大型设备、资金有限的情况下，应该将有限的资金用在机器人制作材料上，但基本工具是必不可少的，有几个工具值得推荐，如下。

钢锯（如图2-20所示），作为切割的主要利器，它还可以替代车、铣、刨，便宜又好用，搭配窄锯条后还能锯出各种复杂形状。

台虎钳（如图2-21所示），一般加工少不了它的辅助。

图2-20　钢锯

图2-21　台虎钳

各种锉刀（如图2-22所示），锉刀的形状可以帮我们磨出需要的样子，可多备几把备用。推荐配备带塑料柄或者木柄的。

锤子（如图2-23所示），在加工的过程中起到重要的作用。

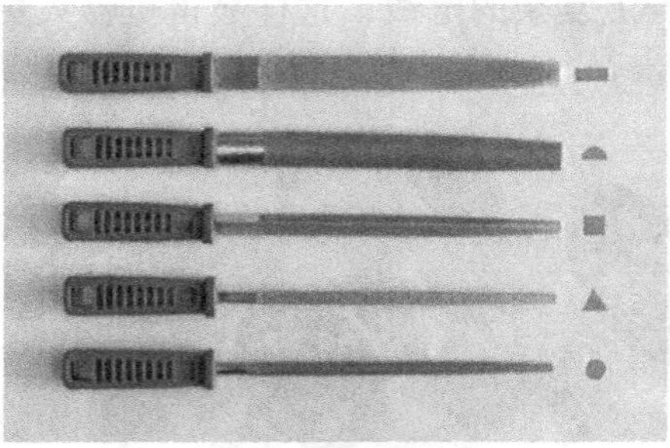

图2-22　锉刀

记号笔（如图2-24所示），可以在很多东西上做记号，用来给板材画线。

尺子（如图2-25所示），不用很精确的那些，玻璃钢的绘图用尺就可以。

电钻（如图2-26所示），一把能调速的电钻是非常实用的电动工具，安上不同的钻头或者磨头磨片，几乎能加工出任何想要的东西。

冲子（如图2-27所示），这个其实很重要，为了能在准确位置上钻孔，可以先用冲子做个记号。

磨边器，如图2-28所示。

图2-23　锤子

图2-24　记号笔

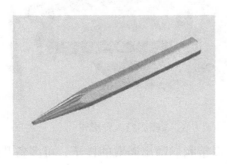

图2-25　尺子

图2-26　电钻

图2-27　冲子

图2-28　磨边器

工具基本齐全了。作为机器人的制造者，必须得有信心，和有一丝不苟的耐心。一丁点的放弃想法就会功亏一篑，一丁点的粗心大意也会前功尽弃。

2. 实际加工过程

此处以U型件（如图2-29所示）加工为例，它是舵机的架子，经常用来做机器人的手、胳膊或者腿部的关节等。

第一步：设计、画草图

这步绝对不是画画那么简单，反而是最需要功夫和经验的。设计过程中，首先想好要实现的功能，想出各种可以解决问题的结构，尽可能地画在草稿纸上，然后再筛选出简单的和能减少加工步骤的内容。

怎样才算简单呢？除了尺寸小还要考虑如何剪裁，避免不必要的难度大的加工。这个过程需要一些经验，开始做不好也没有关系。注意：购买材料比需用材料多三成。简单草图如图2-30所示。

图2-29　U型件

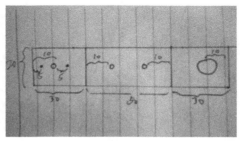

图2-30　草图

第二步：在铝板上面划线

方法一：用刻刀或记号笔，缺点是不够精确。

方法二：用CAD打印出图纸，并贴在板上。

划线时光线要亮，弯折处的划线在弯折方向的反面。留点再加工余量，实际尺寸比设计尺寸稍长，但是也不用太大，建议留1mm左右，如图2-31所示。

第三步：开锯

使用锯子的时候要均匀用力，推、拉两个过程中用力大小得有差异。用U型钳夹住板材，不能用手，避免伤手，夹的地方用布挡着，以免划坏板材。锯的时候，锯条在划线后，锯的过程要慢，看清划的线，如果发现偏了要及时修正。锯子跟板材的夹角要小于90°，这样能锯开稍大的板。如图2-32所示。

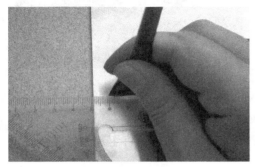

图2-31　划线

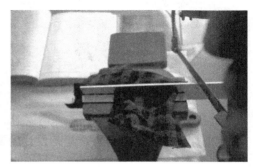

图2-32　开锯

第四步：修整

锯下来的板材不光滑，有毛刺，需要修整。用台钳夹住，夹的部分还要用布垫着，用有把的锉刀锉。一定要细心，看着划的线，不要锉过头。如图2-33所示。

第五步：铝板弯折

不是所有的铝板都能弯折，比如说硬铝就不能弯，另外，即使能弯折也不要反复弯折，否则会大大降低强度。弯折部分有大有小，要区分对待，小的弯折直接用钳子，大的弯折要用到台虎钳等一些辅助工具。最好有一对较厚的铁板，夹住板材，这样就能弯折出漂亮的折线。用铁板夹住铝板再用台虎钳夹住，注意铁板边界要与铝板要折的线重合，越准越好，固定好后，用布包好的锤子或者橡胶锤适当用力敲打铝板弯折线上方，击打位置离弯折线越近越好，远了整个板会变弯。加工过程要一次折好，不要反复修改，容易折断。如图2-34所示。

图2-33 修整

图2-34 弯折

第六步：打孔

首先要确定孔的位置，如果零件需要弯折的话，建议弯折后再确定打孔位置。先用冲子冲一个点，以免钻时跑偏。钻较大的孔时，先用小钻头打个眼，再用大钻头，也可避免跑偏。如果使用的是无级调速电钻，可以一点一点来，还能不断修正位置。如图2-35、图2-36所示。

图2-35 打孔(1)

图2-36 打孔(2)

最后一步：检查零件

检查加工的零件是否符合当初设计的要求，为整个机器人的零件组装做好准备。

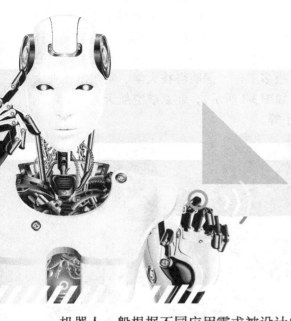

第三章

仿人机器人

机器人一般根据不同应用需求被设计成不同形状,如运用于工业的机械臂、轮椅机器人、步行机器人等,而仿人机器人一般分别或同时具有仿人的四肢和头部。仿人机器人研究集机械、电子、计算机、材料、传感器、控制技术等多门学科于一体,代表着一个国家的高科技发展水平。从机器人技术和人工智能的研究现状来看,要完全实现高智能、高灵活性的仿人机器人还有很长的路要走,而且,人类对自身也没有彻底了解,这些都限制了仿人机器人的发展。

仿人机器人的定义:模仿人的形态和行为而设计制造的机器人。

一、为什么要研究仿人机器人

2000年11月29日,中央电视台《新闻联播》报道:我国首台类人型机器人研制成功。11月30日,全国各大报都在显著位置发表了这一消息。许多人问:何为仿人机器人?仿人机器人的问世标志了什么?世界及中国仿人机器人发展到了什么水平?

大多数的机器人并不像人,有的甚至没有一点人的模样,这一点使很多机器人爱好者大失所望,很多人问为什么科学家不研制像人一样的机器人呢?其实,科学家和爱好者的心情是一样的,一直致力于研制出有人类外观特征、可模拟人类行走与其基本动作的机器人。

由于仿人机器人集机械、电子、材料、计算机、传感器、控制技术等多门学科于一体,是一个国家高科技实力和发展水平的重要标志,因此,发达国家都不惜投入巨资进行开发研究。日、美、英等国都在研制仿人机器人方面做了大量的工作，并已取得突破性的进展。日本本田公司于1997年10月推出了仿人机器人P3，美国麻省理工学院研制出了仿人机器人科戈（COG），德国和澳大利亚共同研制出了装有52个汽缸，身高2m、体重150kg的大型机器人。本田公司开发的机器人"阿西莫"，身高120cm，体重43kg，它的走路方式更加接近人。我国也在这方面做了很多工作，国防科技大学、哈尔滨工业大学、北京理工大学研制出了双足步行机器人（如图3-1所示），北京航空航天大学、哈尔滨工业大学、北京科技大学研制出了多指灵巧手等。

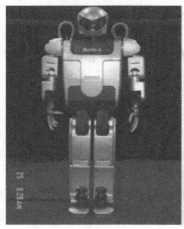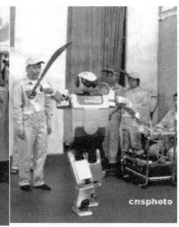

仿人机器人"汇童 BHR－2"　　　　太极拳表演　　　　　　刀术表演

图3-1　北京理工大学仿人机器人

而近几年更多逼真的仿人机器人在服务业等行业涌现。在日本就有一间名为Henn-na Hotel的酒店，中文又叫怪异酒店，从2015年开始营业至今。这间酒店中除了旅客，有90%的服务人员都是机器人。这间酒店也被认为是世界上第一间员工都是机器人的酒店，从进去柜台办理入住手续到回房间睡觉几乎都看不到真人。酒店里不同职位有不同种类的机器人：负责柜台接待、负责修剪草坪、负责调酒、负责煎饼，甚至还有能做炒饭的机器人（如图3-2所示）。日本社会高龄化和劳动力短缺问题越来越严重，用机器人取代劳动力成为有效手段。

图3-2　Hennna Hotel酒店高仿人服务机器人

二、仿人机器人的研究重点

仿人机器人要能够理解、适应环境，精确灵活地进行作业，高性能传感器的开发必不可少。传感器是机器人获得智能的重要手段，如何组合传感器摄取的信息，并有效地加以运用，是基于传感器控制的基础，也是实现机器人自治的先决条件。

仿人机器人研究在很多方面已经取得了突破，如关键机械单元、基本行走能力、整体运动、动态视觉等，但是离我们理想中的要求还相去甚远，还需要在仿人机器人的思维和学习能力、与环境的交互、躯体结构和四肢运动、体系结构等方面进行更进一步的研究。

1. 思维和学习能力

现有仿人机器人系统的主要缺陷是对环境的适应性和学习能力的不足。机器的智能来源于与外界环境的相互作用，同时也反映在对作业的独立完成度上。机器人学习控制技术是仿人机器人在结构和非结构环境下实现智能化控制的一项重要技术。但是由于受到传感器噪声、随机运动、在线学习方式以及训练时间的限制，学习控制的实时性还不能令人满意。仍需要研究和开发新的学习算法、学习方式，以不断完善学习控制理论和相应的评价理论。目前针对机器人学习控制的研究，大都停留在实验室仿真的水平上。

2. 与环境的交互

仿人机器人与环境相互影响的能力依赖于其富于表现力的交流能力，如肢体语言（包括面部表情）、思维和意识的交互。目前，机器人与人的交流仅限于固定的几个词句和简单的行为方式，其主要原因是：

① 大多数仿人机器人的信息输入传感器是单模型的；
② 部分应用多模型传感器的系统没有采用对话的交流方式；
③ 对输入信息的采集仅限于固定的位置，比如图像信息，照相机往往没有多维视角，信息的深度和广度都难以保证，准确性下降。

3. 躯体结构和四肢运动

毫无疑问，仿人机器人行动的多样性、通用性和必要的柔性是"智能"实现的首要因素。它是保证仿人机器人可塑性和与人交流的前提。仿人机器人的结构则决定了它能不能为人所接受，而且也是它像不像人的关键。仿人机器人必须拥有类似人类上肢的两条机械臂，并在臂的末端有两指或多指。这样不仅可以满足一般的机器人操作需求，而且可以实现双臂协调控制和手指控制，以实现更为复杂的操作。仿人机器人要具有完成复杂任务所需要的感知活动，还要在已经完成过的任务重复出现时，要像条件反射一样自然流畅地作出反应。

4. 体系结构

仿人机器人的体系结构是定义机器人系统各组成部分之间相互关系和功能分配，确定单台机器人或多个机器人系统的信息流通关系和逻辑的计算结构，也就是仿人机器人信息处理和控制系统的总体结构。如果说机器人的自治能力是仿人机器人的设计目标，那么体系结构的设计就是实现这一目标的手段。现在仿人机器人的研究系统追求的是采用某种思想和技术，从而实现某种功能或达到某种水平。

所以其体系结构各有不同，往往就事论事。解决体系结构中的各种问题，并提出具有一定普遍指导意义的结构思想无疑具有重要的理论和实际价值，这是摆在研究人员面前的一项长期而艰巨的任务。

三、仿人机器人的研究用途

仿人机器人具有人类的外观，可以适应人类的生活和工作环境，代替人类完成各种作业，并可以在很多方面扩展人类的能力，在服务、医疗、教育、娱乐等多个领域得到广泛应用。

1. 服务

21世纪人类将进入老龄化社会，发展仿人机器人能弥补年轻劳动力的严重不足，解决老龄化社会的家庭服务、医疗等社会问题。仿人机器人可以与人友好相处，能够很好地担任陪伴、照顾、护理老人和病人的角色，以及从事日常生活中的服务工作，因此服务行业的仿人机器人应用必将形成新的产业和新的市场。目前丰田公司已经发布了第三代仿人机器人T-HR3，它可以被控制和与操作员的动作同步。用户戴着数据手套和连接到摄像头的HTC Vive VR头显来获得机器人的视野画面。丰田公司表示，T-HR3的高度为1.54m，重达75kg，旨在探索协助家庭、医疗机构、建筑工地、灾区乃至太空探索。如图3-3所示。

图3-3　丰田公司第三代仿人机器人T-HR3

2. 医疗

在医疗领域，仿人机器人可以用于假肢和器官移植，用仿人机器人技术可以做成动力型假肢，协助瘫痪病人实现行走的梦想。然而，我们现在还几乎看不到以控制论开发出的生物体与人体完美的结合，因此，这方面还需要更进一步的研究和探索。DEKA公司研制的机械手臂如图3-4所示。

3. 教育

一般来讲，仿人机器人在教育领域有两种应用：

① 学生通过制作仿人机器人来实践机械结构和复杂控制软件模块的设计；

② 学生用仿人机器人进行实验来增强动手能力和解决新问题的能力。

教育机器人如图3-5所示。

图3-4　DEKA公司研制的机械手臂

图3-5　教育机器人

4. 娱乐

仿人机器人可以用来在展览会上做广告，它很吸引人的注意，因为它在外形上更接近人类，所以更能引起人的兴趣。它还可以用于娱乐，如图3-6所示。HRP-4C是一个用于娱乐的机器人，由日本产业技术综合研究所研发，HRP-4C有着年轻亚洲女孩的相貌和苗条身材，会说话，表情丰富，关键是能歌善舞，在娱乐界的仿人机器人中，算是翘楚了。

仿人机器人是能够与人相互影响的最理想的机器人，因为它的外形像人，它的思维方式和行为方式也将越来越接近人。仿人机器人能够通过与环境的交互不断获得新知识，而且还能用它的设计者根本想象不到的方式去完成各种任务，它

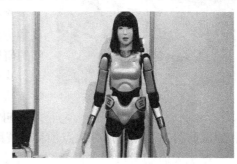

图3-6　HRP-4C机器人

会自己适应非结构化的、动态的环境。在人类的历史中，曾经因为我们制造机器的局限性，使得我们不得不去适应机器，而现在我们要让机器来适应我们，仿人机器人是完成这一梦想的最好机会。

四、仿人机器人的发展历史

仿人和高仿真是机器人发展的主要方向。从技术发展来看，人是世界上最高级的动

物，以人为背景的研究就是最高的目标，并且能够带动相关学科的发展。而从感情层面来说，人喜欢与人相近的东西。目前各国科学家都正在积极进行仿人机器人的研发。

研制与人类外观特征类似，具有人类智能、灵活性，并能够与人交流，不断适应环境的仿人机器人一直是人类的梦想之一。世界上最早的仿人机器人研究组织诞生于日本。1973年，以早稻田大学加藤一郎教授为首，组成了大学和企业之间的联合研究组织，其目的就是研究仿人机器人。加藤一郎教授突破了仿人机器人研究中最关键的一步——两足步行。1996年11月，本田公司研制出了自己的第一台仿人步行机器人样机P2，2000年11月，又推出了仿人机器人ASIMO。国防科技大学也在2001年12月独立研制出了我国第一台仿人机器人。

在2005年爱知世博会上，大阪大学展出了一台名叫Repliee Qlexpo的女性机器人。该机器人的外形复制自日本新闻女主播藤井雅子，动作细节与人极为相似。参观者很难在较短时间内发现这其实是一个机器人。

Atlas是谷歌旗下的波士顿动力公司为美军开发的机器人，可以说是目前公认的先进的人形机器人，不但可以行走、提取物品，关键是能在户外恶劣的地形下作业（如图3-7所示）。

图3-7　Atlas机器人

未来拟应用在搜索救援方面。Atlas身高近1.5m，体重近75kg，像人一样有头部、躯干和四肢，"双眼"是两个立体传感器。Atlas的产品迭代大概经历了三个大的版本更新。

2018年5月，波士顿动力公司展示了升级版的Atlas人形机器人，该机器人已经可以实现单腿跳跃。

在仿人机器人领域，日本和美国的研究最为深入。日本方面侧重于外形仿真，美国则侧重用计算机模拟人脑的研究。

我国政府也逐渐开始关注这个领域。由北京理工大学牵头、多个单位参加，历经三年攻关打造的仿人机器人名叫"汇童"，它们主要来自科技部"十五"863计划和原国防科工委基础研究重点项目的资助。

据主要研制者黄强教授介绍，通过短短几年技术攻关，我国已掌握了集机构、控制、传感器、电源于一体的高度集成技术，研制出具有视觉、语音对话、力觉、平衡觉等功能的仿人机器人，具有自主知识产权。而且"汇童"在国际上首次实现了模仿太极拳、刀术等人类复杂动作，是在仿人机器人复杂动作设计与控制技术上的突破。

仿人机器人不仅是一个国家高科技综合水平的重要标志，也在人类生产、生活中有着广泛的用途。由于仿人机器人具有人类的外观特征，因而可以适应人类的生活和工作环境，代替人类完成各种作业。它不仅可以在有辐射、粉尘、有毒的环境中代替人们作业，而且可以在康复医学上形成动力型假肢，协助瘫痪病人实现行走的梦想。将来它可以在医疗、生物技术、教育、救灾、海洋开发、机器维修、交通运输、农林水产等多个领域得到广泛应用。目前，我国仿人机器人研究与世界先进水平相比还有差距。我国科技工作者正在为赶超世界先进水平而努力奋斗。

1. 日本的仿人机器人

本田公司是日本主要生产跑车和轿车的公司之一。本田公司投入巨资，经过10多年的开发，终于研制出了当时在世界上居领先地位的双足步行机器人——P3。

本田公司后来又推出一种新型智能机器人"阿西莫"（ASIMO）。与1977年诞生的P3相比，它具有体型小、质量小、动作紧凑轻柔的特点。阿西莫身高120cm，体重43kg，更适合于家庭操作和自然行走。而在近几年逐渐又退出市场。

作为2020年东京奥运会主赞助商的丰田汽车，为了迎接东京奥运会和残奥会的到来，准备了一系列的机器人，并且在北京时间2019年7月22日进行了统一的展示。

丰田一次性发布了七款机器人设备，比任何一次丰田新车型发布会都要多，七款机器人分别是机器人助手、吉祥物机器人、T-HR3仿真机器人、T-TR1通信机器人、微型自动驾驶汽车等（如图3-8所示）。其中T-HR3采用虚拟现实技术，可以将来自远程位置的图像和声音，传回到奥运会的场馆内，作为奥运球迷在场外的远程呈现机器人，并且反映他们的动作，甚至可以与运动员或者其他人交谈。

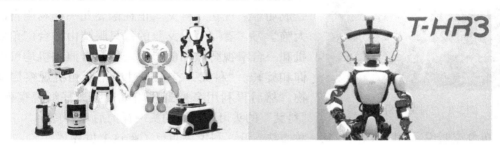

图3-8　丰田七款机器人设备和T-HR3（右）

2."科戈"机器人

出生于澳大利亚的罗德尼·布鲁克斯，是美国麻省理工学院人工智能实验室的教授。从20世纪80年代起，他就反对机器人必须先会思考，才能做事的信条。为了证实自己的观点，他研制出了一系列异型机器人。这些机器人没有思考能力，但却无所不能，比如能偷桌上的苏打罐，能穿越四周发烫的地面等。他的成功使他成为机器人界最有争议的人物。

布鲁克斯从小就喜欢制作各种标新立异的小装置。进入弗林德斯大学后，他为该校唯一的一台IBM大型计算机重新编制了整个操作系统的程序。别的用户怎么也想不到，计算机怎么会突然具有令人不可思议的奇效。在获得该校硕士学位后，布鲁克斯又凭自己的实力考入了美国斯坦福大学。20世纪80年代初期，布鲁克斯在麻省理工学院任初级研究员。那时人工智能研究的传统做法是先设计出各种"脑图"，以帮助机器人了解周围环境，使机器人先学会识别障碍物，再绕过障碍物。但这样做会使机器人要花很长时间去判断自己看到的东西，而且它们大多无法穿过陌生的空间。布鲁克斯认为，真正的智能不能这样运作。

布鲁克斯认为，智能并不像假想的那样来自抽象思维，而是通过与外界接触学习之后作出的反应。只要机器人与其周围的环境进行复杂的相互作用，智能最终一定会出现。

最初他的计划是先从昆虫机器人做起，逐步向模仿高级动物发展，最后才是人形机器人。布鲁克斯想，只有人形机器人才能说明他的理论也适合于高级智能，于是他决定要制造出自己的人工智能型高级机器人，即现在的"科戈"机器人。

目前"科戈"的研制工作正在进行。"科戈"本身是非常复杂的，要使它能通过与外界的联系获取知识，就必须尽可能地模仿人类，例如它的臂必须像人类那样具有柔顺性。

怎样才能把"科戈"变成一个真正的人形机器人，目前实现的目标尚不太明确。布鲁克斯和他的同事们正在借鉴幼儿的发育过程，使"科戈"由简到难，逐步学会各种本领，直到听说能力。

"科戈"机器人（如图3-9所示）的大脑是由16个摩托罗拉68332芯片构成的，"科戈"

图3-9 "科戈"机器人

的大脑放在与之相邻的室内，通过电缆与之相连。"科戈"最多可用250个摩托罗拉芯片。布鲁克斯准备用数字信号处理器取代部分这种芯片，用以完成特殊任务。"科戈"的大脑与人类的大脑一样，能同时处理多项任务。尽管计算机的能力给人们留下了深刻的印象，但是如果"科戈"能达到两岁儿童的智力，就算是成功了。现在"科戈"正在像婴儿一样利用自己的大脑学习"看"。"科戈"的每只眼睛由一台广角照相机和一台窄视野照相机组成。每一台照相机均可以俯仰和旋转。"科戈"首先通过广角照相机观察周围事物，然后再利用窄视野照相机近距离仔细观察事物。"科戈"的头可以像人的头一样前后左右转动。

布鲁克斯说："我们试图找到一种方法，让'科戈'自己了解这个世界。"

"科戈"先学会看以后，开始学习听。这些功能要一个一个地教。为此，在"科戈"的头上装上了麦克风和处理器。声音可以帮助"科戈"确定去看什么地方，机器人还可以对声音进行辨别。"科戈"已经有了头和身子，但还没有皮肤、手臂和手指。布鲁克斯现在正在为"科戈"制造第一条手臂，这只手臂以全新的方式工作，每个关节都有一个弹簧，从而使"科戈"获得了柔顺性。

3. 我国的仿人机器人研究

我国在仿人机器人方面做了大量研究，并取得了很多成果。比如国防科技大学研制成了双足步行机器人，北京航空航天大学研制成了多指灵巧手，哈尔滨工业大学、北京科技大学也在这方面做了大量深入的工作。

双足步行机器人研究是一个很诱人的研究课题，而且难度很大。在日本开展双足步行机器人研究已有多年的历史，研制出了许多可以静态、动态稳定行走的双足步行机器人，上面提到的P2、P3是其中的佼佼者。

在国家863计划、国家自然科学基金和湖南省的支持下，国防科技大学于1988年2月研制成功了六关节平面运动型双足步行机器人，随后于1990年又先后研制成功了十关节、十二关节的空间运动型机器人系统，并实现了平地前进、后退，左右侧行，左右转弯，上下台阶，上下斜坡和跨越障碍等人类所具备的基本行走功能。

经过十年攻关，国防科技大学研制成功我国第一台仿人机器人——"先行者"（如图3-10所示），实现了机器

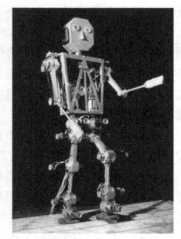

图3-10 仿人机器人——"先行者"

人技术的重大突破。"先行者"有人一样的身躯、头颅、眼睛、双臂和双足，有一定的语言功能，可以动态步行。

人类与动物相比，除了拥有理性的思维能力、准确的语言表达能力外，拥有一双灵巧的手也是人类的骄傲。正因如此，让机器人也拥有一双灵巧的手成了许多科研人员的目标。

在张启先院士的主持下，北京航空航天大学机器人研究所于20世纪80年代末开始灵巧手的研究与开发，最初研究出来的BH-1型灵巧手功能相对简单，但填补了当时国内空白。在随后的几年中又不断改进，现在的灵巧手已能灵巧地抓持和操作不同材质、不同形状的物体。它配在机器人手臂上充当灵巧末端执行器可扩大机器人的作业范围，完成复杂的装配、搬运等操作。比如它可以用来抓取鸡蛋，既不会使鸡蛋掉下，也不会捏碎鸡蛋。灵巧手在航空航天、医疗护理等方面有应用前景。

灵巧手有三个手指，每个手指有3个关节，3个手指共9个自由度，微电机放在灵巧手的内部，各关节装有关节角度传感器，指端配有三维力传感器，采用两级分布式计算机实时控制系统。

2018年初，国内人工智能独角兽、服务机器人企业优必选在CES2018上首次展示了其研发的双足机器人Walker，并展示了下楼梯、踢足球等技能，吸引了海内外众媒体的关注。如图3-11所示。

图3-11　Walker仿人机器人

仿人机器人是多门基础学科、多项高技术的集成，代表了机器人的尖端技术。因此，仿人机器人是当代科技的研究热点之一。仿人机器人不仅是一个国家高科技综合水平的重要标志，也在人类生产、生活中有着广泛的用途。目前，我国仿人机器人研究与世界先进水平相比还有差距。我国科技工作者正在努力向前，我们热切地期盼着我们自己水平更高的、功能更强的仿人机器人与大家见面。

五、小人形机器人介绍

1. 加藤一郎结构体

早在1966年，日本早稻田大学的加藤一郎教授，即国际人形机器人之父就把人形机器人给定型了头、躯干、四肢的仿人结构和被学术界简化并赋予一定数学方程式的数学模型，形成了现阶段的人形机器人的基本结构。这样做的好处是国际统一与各国之间的技术接轨，习惯称其为"加藤一郎结构体"。森汉人形机器人SHR-8S如图3-12所示。

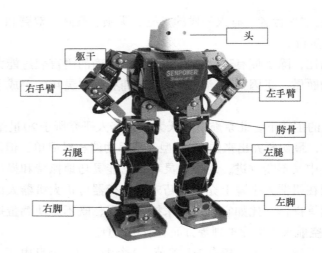

图3-12　森汉人形机器人SHR-8S

2. 全身机械结构原理

人类在研究人体结构之前花费了大量的时间去研究昆虫、哺乳动物的腿部移动，甚至登山运动员在爬山时的腿部运动方式，这些研究帮助我们更好地了解在行走过程中发生的一切，特别是关节处的运动。比如，我们在行走的时候会移动我们的重心，并且前后摆动双手来平衡我们的身体，这些构成了人形机器人行走的基础方式。

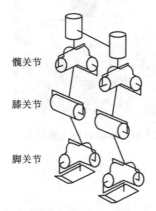

人形机器人和人类一样，有髋关节、膝关节和足关节。机器人中的关节一般用"自由度"来表示，一个自由度表示一个运动，可以向上、向下、向右或者向左分散在身体的不同部位，所以骨骼结构因此而生，如图3-13所示。

一般地，人形机器人身上装有两个传感器辅助它水平行走，它们是加速度传感器和陀螺传感器。它们主要用来让机器人知道身体目前前进的速度以及和地面所成的角度，并依次计算出平衡身体所需要的调节量。这两个传感器起的作用和我们人类内耳相同，要进行平衡的调节。机器人还必须要有相应的关节传感器和6轴的力传感器，来感知肢体角度和受力情况。

图3-13　腿部自由度

机器人的行走中最重要的部分就是它的调节能力，所以需要检测在行走中产生的惯性力。当机器人行走时，它将受到由地球引力，以及加速或减速行进所引起的惯性力的影响，这些力的总和被称为总惯性力。当机器人的脚接触地面时，它将受到来自地面反作用力的影响，这个力称为地面反作用力，所有这些力都必须要被平衡掉，而机器人的控制目标就是要找到一个姿势能够平衡掉所有的力，这称作"zero moment point"（ZMP）。当机器人在保持最佳平衡状态的情况下行走时，轴向目标总惯性力与实际地面反作用力相等。相应地，目标ZMP与地面反作用力的中心点也重合，当机器人行走在不平坦的地面时，轴向目标总惯性力与实际的地面反作用力将会错位，因而会失去平衡，产生造成跌倒的力。跌倒力的大小与目标ZMP和地面反作用力中心点的错位程度相对应，简而言之，目标ZMP和地面反作用力中心点的错位是造成失去平衡的主要原因。假若机器人失去平衡有可能跌倒时，下述三个控制系统将起作用，以防止跌倒，并保持继续行走状态。

① 地面反作用力控制：脚底要能够适应地面的不平整，同时还要能稳定地站住。

② 目标ZMP控制：当由于种种原因造成机器人无法站立，并开始倾倒的时候，需要控制它的上肢反方向运动来控制即将产生的摔跤，同时还要加快步速来平衡身体。

③ 落脚点控制：当目标ZMP控制被激活的时候，机器人需要调节每步的间距来满足当时身体的位置、速度和步长之间的关系。

3. SHR-8S人形机器人机体参数

SHR-8S人形机器人是17自由度小型人形机器人，全身包括17个伺服电机（舵机），全部采用金属齿轮传动，如图3-14、图3-15所示。

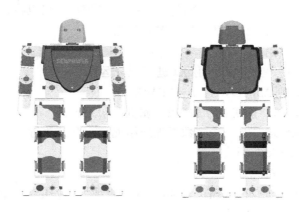

图3-14　正视和背视

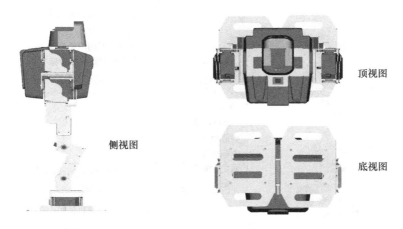

图3-15　侧视图、顶视图和底视图（身高360mm、肩宽165mm）

4. SHR-8S左腿机械结构

双足机器人行走和它的机械结构有至关重要的关系。自1986年以来，一直沿用的日本加藤一郎结构的腿部侧面就如图3-16所示：它有3个自由度，每个自由度采用1个舵机

1
α
2
γ
β
3

图3-16　左腿机械结构

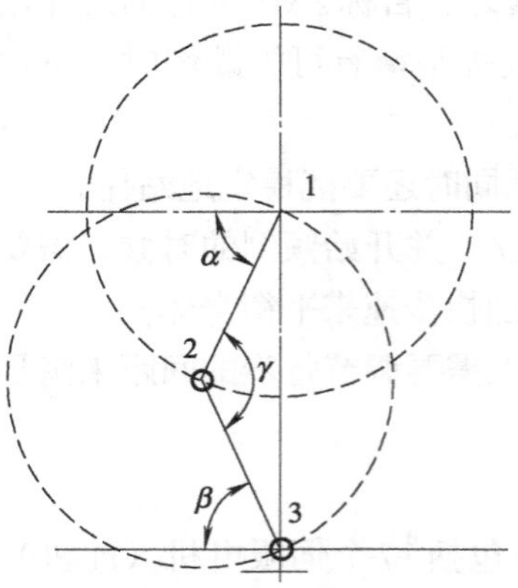

构成，图中用1、2、3表示这3个舵机。

（1）几个重要的几何关系　一般的机器人，腿上半部与下半部长短相近，在研究机器人步伐的时候可以令其为相等长度。在国内，之所以大多的机器人不能行走，其中的一个原因就是将腿上半部与下半部加工成不同长度导致CPU的计算量剧增。

① 原地踏步动作时

因为$L_{12}=L_{23}$

所以$\Delta\alpha=\Delta\beta$

$\Delta\gamma=\Delta\alpha+\Delta\beta=2\Delta\alpha$

（如此简单的函数关系，可以骤减CPU的计算量。）

今后在做一般性研究时，可以将L_{12}和L_{23}做成任意长度。

如此描述一个简单的积分函数（原地踏步函数）：

因为$d\alpha=d\beta$

所以$d\gamma= d\alpha+d\beta$（一般CPU就用此式进行积分运算）

取$\Delta\alpha$为1DWA，则$\Delta\beta$=1DWA，$\Delta\gamma$=2DWA。

即：舵机1的$|\Delta N|=1$，舵机2的$|\Delta N|=2$，舵机3的$|\Delta N|=1$。

CPU一边进行积分运算，一边将数据发送给舵机，令其执行。

$\int d\gamma=\int(d\alpha+d\beta)=\int d\alpha+\int d\beta$

$K\gamma+\Delta\gamma=(K\alpha+\Delta\alpha)+(K\beta+\Delta\beta)$

$K\gamma$、$K\alpha$、$K\beta$为积分原始初始值，在机器人中表现为初始位置坐标。

舵机转动正方向如图3-17所示。

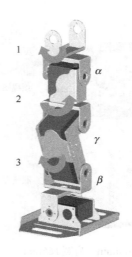

1
α
2
γ
3
β
初始位置
α = 121
γ = 91
β = 112
（注意：这些值根据实际情况而定，并非一定）
研究腿部运动时，按照从初始位置（即最高站立姿式）起向最低站立姿势过渡时的舵机转动方向为正方向。图中标出了3个舵的正方向
由于舵机规定的正方向为逆时针方向，则：
① 方向1与舵机反向
② 方向2与舵机同向
③ 方向3与舵机同向

图3-17　舵机转动正方向

a. 由直立状态到下蹲状态过程中，称为上半周，舵机变化为：

上半周：舵机1的$\Delta N=-$
舵机2的$\Delta N=+$
舵机3的$\Delta N=+$

b. 由下蹲状态到直立状态过程中，舵机变化为：

下半周：舵机1的$\Delta N=+$
舵机2的$\Delta N=-$
舵机3的$\Delta N=-$

② 左腿半周期运动程序分析（如图3-18、图3-19所示）

依照上面讲述的2个几何特点：$L_{12}=L_{23}$；1、3点始终垂直共线。

舵机1的$|\Delta N|=1$，舵机2的$|\Delta N|=2$，舵机3的$|\Delta N|=1$。

CPU一边进行积分运算，一边将数据发送给舵机。

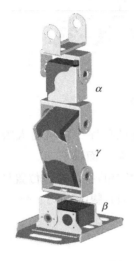

初始时刻
$\alpha=121$
$\gamma=91$
$\beta=112$
（注意：这些值根据实际情况而定，并非一定）

上半周：舵机 1 的 $\Delta N=-1$
舵机 2 的 $\Delta N=+2$
舵机 3 的 $\Delta N=+1$

下半周：舵机 1 的 $\Delta N=+1$
舵机 2 的 $\Delta N=-2$
舵机 3 的 $\Delta N=-1$

CPU进行上半周积分时，腿部逐渐下蹲
CPU进行下半周积分时，腿部逐渐上抬

图3-18 左腿半周期运动（1）

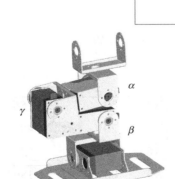

积分始：① $\alpha=121$
② $\gamma=91$
③ $\beta=112$

积分末：① $\alpha=45$
② $\gamma=243$
③ $\beta=188$

至积分末，发现α先出现极限值45，那么积分步数为：121-45=76步
76DWA=76×0.74°=56.24°
所以 $\Delta\alpha=56.24°$
$\Delta\gamma=112.48°$
$\Delta\beta=56.24°$

图3-19 左腿半周期运动（2）

以上介绍的是积分上半周的左腿动作解析，起立动作与之相反。

右腿的下蹲和起立原理与左腿相同，只是方向与左腿的下蹲和起立方向相反。

（2）双腿蹲起动作解析

① 双腿蹲起动作程序特点（如图3-20所示）

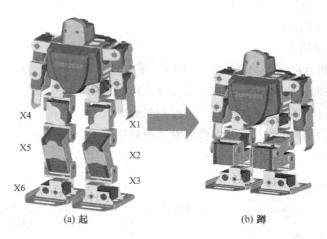

(a) 起   (b) 蹲

图3-20 双腿蹲起动作

相对其他程序，蹲起程序较为简单，但是最基础的程序，在机器人蹲起过程中有以下4个特点：双腿着地，同起同落，脚、肩保持平行，胸平面轴不动。

根据这4个特点，采用积分程序将双腿的运动过程中的各个关节位置计算出来，并实时输送给舵机控制6个运动轴，分别为左腿的1、2、3和右腿的4、5、6。

其中：

$\Delta\alpha=\Delta1=\Delta4$ 规定蹲为动作的上半周期

$\Delta\gamma=\Delta2=\Delta5$

$\Delta\beta=\Delta3=\Delta6$ 规定起为动作的下半周期

$\Delta\alpha=\Delta\beta$

$\Delta\gamma=2\Delta\alpha$

② 积分首末位置与过程

将积分过程分为上下2个半周期，则每条腿有3个初始位置。

即：▲ A积分至B ⌐
　　⌐ B积分至A ▼

上半周:	X1.	121		45
	X2.	91	➡	243
	X3.	112		188

	X4.	80		156
	X5.	201	➡	49
	X6.	128		52

下半周:	X1.	121		45
	X2.	91	⬅	243
	X3.	112		188

	X4.	80		156
	X5.	201	⬅	49
	X6.	128		52

最多可以积分76步左右，关节1、4会达到极限值。

| 积分起始位置可以改变（条件1、2、3；4、5、6遵守肩、脚平行） |
| 积分结束位置可以改变（条件1、2、3；4、5、6遵守肩、脚平行） |

起始位置公式：

$$1=121-\Delta N \qquad 4=80+\Delta N$$
$$2=91+2\Delta N \qquad 5=201-2\Delta N$$
$$3=112+\Delta N \qquad 6=128-\Delta N$$

结束位置公式：

$$1=45+\Delta N \qquad 4=156-\Delta N$$
$$2=243-2\Delta N \qquad 5=49+2\Delta N$$
$$3=188-\Delta N \qquad 6=52+\Delta N$$

（3）机器人行走步伐函数解析

① 舵机方向制定（如图3-21所示）

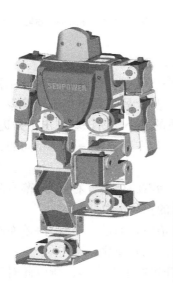

前进动作中，参与的Y平面舵机有4个，分别为：
左腿的Y1、Y2；右腿的Y3、Y4。

其中如果保持肩、脚平行，身体不倾斜，那么：
左腿的Y1、Y2为平行关系；
右腿的Y3、Y4为平行关系。

特别注意，形成周期运动，且保持肩、脚平行，身体不倾斜，那么：
Y1、Y2、Y3、Y4全为平行关系。
即：$\Delta Y1=\Delta Y2=\Delta Y3=\Delta Y4$。

Y平面初始位置：	Z平面初始位置：
Y1=104	X1=169 X4=80
Y2=104	X2=91 X5=158
Y3=146	X3=112 X6=128
Y4=146	

图3-21　机器人行走的步伐

同样，该位置参数来自1台SHR-8S实验机，其他机器人参数根据各自舵机初始位置而定，参与运动的舵机有10个，其中X平面6个，Y平面4个。

② 机器人前进步伐特点

a. 动作条件。机器人前进步伐采用交互式行走步伐（所谓的交互动作），即Y平面运动与X平面运动同时进行。

b. 动作时序分析。初始位置：双脚直立各90°站立或设定一个向外的劈叉值。目前，设定向外劈叉5°（如图3-22所示）。

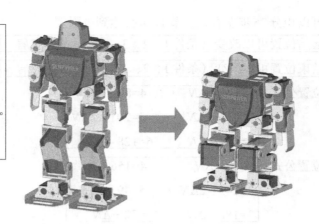

首先执行一段下蹲动作，使身体重心下移，注意下蹲的角度不宜过大，否则会影响后面的抬腿前进动作的幅度。一般的行走前下蹲幅度为1～48左右。

图3-22　动作分析

动作流程：

下蹲→左半步 ┌→ 左侧身 →左侧身＋抬右腿→抬右腿前进→右侧身＋落右腿→ 右侧身 ┐
　　　　　　　　　　　　循环 (N步)
起立←右半步 └─ 左侧身 ←左侧身＋落左腿←抬左腿前进←右侧身＋抬左腿←右侧身 ┘

动作流程解析：

下蹲：机器人在下蹲状态下行走，重心下移，有利于稳定。

左半步：下蹲结束后，机器人的双脚处于平行状态，如果直接执行左脚一步、右脚一步的行走程序，连续行走时就会形成一脚迈一步，另一脚跟一步，就像个"跛脚"的人一样，而机器人又不像人类一样自己调整步伐的大小，所以就想出了先迈半步的方法，行走开始前左腿迈半步，就是左半步的前进过程与左腿前进一步是相同的，只是步伐是前进一步的一半。

右腿前进一步：左侧身，左侧身+抬右腿，抬右腿前进，右侧身+落右腿，右侧身是右腿前进一步的全过程，步伐的大小取决于抬腿的积分步数。

左腿前进一步：右侧身，右侧身+抬左腿，抬左腿前进，左侧身+落左腿，左侧身是左腿前进一步的全过程，步伐的大小取决于抬腿的积分步数。

右半步：机器人走完设定的步数后，因为开始有了左半步，所以此时两脚比不是平行的，右腿需要跟进半步，右半步的行走过程与右腿前进一步相同，只是步伐是前进一步的一半。

（4）机器人前进程序解析

① 行走主程序

```
//############################################################################
// 函数名称：void walking(uchar foot)
// 功    能：行走子程序
// 入口参数：foot,表示行走步数
// 出口参数：无
//############################################################################
```

```
void walk(char foot)
{
    uchar  i;
    sit_down(35);           //下蹲35
    rc_lu_bb(10);           //调用右侧身抬左腿半步子程序，积分步数为10，
                            //一般为右前左后前进子程序的积分步数的一半

        for  (i=0; i<foot;i++)

        {  l_cs_zu(5);        //调用向左侧身子程序
            lc_ru(10);        //调用左侧身抬右腿子程序
            rf_lb(20);        //调用右前左后前进子程序
            rc_rd(10);        //调用右侧身+落右腿子程序
            r_cs_zu(5);       //调用向右侧身子程序

            r_cs_zu(5);       //调用向右侧身子程序
            rc_lu(10);        //调用右侧身+抬左腿子程序
            lf_rb(20);        //调用左前右后前进子程序
            lc_ld(10);        //调用左侧身+落左腿子程序
            l_cs_zu(5);       //调用向左侧身子程序

        }
        lc_ru_bb(10);         //调用半步子程序，积分步数与前一个半步相同
        stand_up(35);         //起立
        initial_position();
}


② 左腿半步子程序
//###########################################################################
// 函数名称：void  rc_lu_bb(uchar foot)
// 功    能：右侧身+抬左腿子程序+右侧身+落右腿子程序(半步)
// 入口参数：foot,表示积分步数
// 出口参数：无
//###########################################################################
void rc_lu_bb(int foot)
{
    r_cs_zu(10);     //调用向右侧身子程序
    rc_lu(10);       //调用右侧身+抬左腿子程序
    lf_rb(foot);     //调用左前右后前进子程序
```

```
        lc_ld(10);            //调用左侧身+落左腿子程序
        l_cs_zu(10);          //调用向左侧身子程序
}
```

③ 右腿半步子程序
```
//##############################################################################
// 函数名称：void  lc_ru_bb(uchar foot)
// 功    能：左侧身+抬右腿+左侧身+落左腿子程序(半步)
// 入口参数：foot,表示积分步数
// 出口参数：无
//##############################################################################
void lc_ru_bb(int foot)
{       uchar i;
        l_cs_zu(10);          //调用向左侧身第2族子程序
        lc_ru(10);            //调用左侧身抬右腿子程序
        rf_lb(foot);          //调用右前左后前进子程序
        rc_rd(10);            //调用右侧身+落右腿子程序
        r_cs_zu(10);          //调用向右侧身第1族子程序

        for(i=0; i<30; i++)   //手臂的最后复位补偿
         {  position[6]+=1;
            position[7]-=1;
            PWM_24();
            low_level_500u(15);
         }
}
```

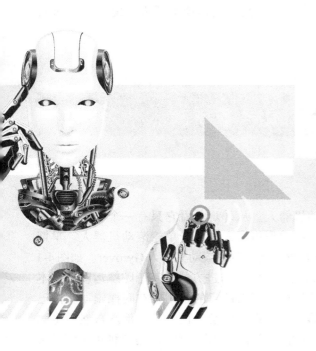

第四章
轮式机器人

一、国内外轮式机器人的发展概况

　　随着社会发展和科技进步，机器人在当前生产生活中得到了越来越广泛的应用。移动机器人是研发较早的一种机器人，移动机构主要有轮式、履带式、腿式、蛇行式、跳跃式和复合式。其中履带式具有接地比压小，在松软的地面附着性能和通过性能好，爬楼梯、越障平稳性高，良好的自复位能力等特点。但是履带式移动平台的速度较慢、功耗较大、转向时对地面破坏程度大。腿式机器人虽能够满足某些特殊的性能要求，能适应复杂的地形，但由于其结构自由度太多、机构复杂，导致难于控制、移动速度慢、功耗大。蛇行式和跳跃式虽然在某些方面，如复杂环境、特殊环境、机动性等具有其独特的优越性，但也存在一些致命的缺陷，如承载能力、运动平稳性等。复合式机器人虽能适应复杂环境或某些特殊环境（如管道），有的甚至还可以变形，但其结构及控制都比较复杂。相比之下，轮式移动机器人虽然具有运动稳定性与路面的路况有很大关系、在复杂地形如何实现精确的轨迹控制等问题，但是由于其具有自重轻、承载大、机构简单、驱动和控制相对方便、行走速度快、机动灵活、工作效率高等优点，而被大量应用于工业、农业、反恐防爆、家庭、空间探测等领域。按照车轮数目虽然不能对轮式移动机器人进行严格的归类，但是不同的车轮数目依然决定了不同的控制方式，例如滚动机器人和四轮移动机器人显然在控制原理上是不同的。轮式移动机器人研究已取得主要成果，按车轮数目对地面移动机器人进行了归类分析，对单轮滚动机器人、两轮移动机器人、三轮及四轮移动机器人、复合式（带有车轮）移动机器人进行了分析和总结。

二、轮式机器人的研究现状和具体案例

1. 单轮滚动机器人

单轮滚动机器人是一种全新概念的移动机器人。从外观上看它只有一个轮子，它的运动方式是沿地面滚动前进。后来又开发出的球形机器人也属于单轮滚动机器人。早期的典型代表是美国卡内基梅隆大学机器人研究所研制的单轮滚动机器人Gyrover。如图4-1所示，Gyrover是一种陀螺稳定的单轮滚动机器人。它的行进方式是基于陀螺运动的基本原理，具有很强的机动性和灵活性，他们开发该机器人的目的是用于空间探索。英国巴斯大学的Rhodri H. Armour对单轮滚动机器人做了系统的总结性研究。他从自然界生物存在的滚动前行方式开始论述，通过分析11种单轮滚动机器人，总结出了7种单轮滚动机器人的设计原理：弹性中心构件原理、车辆驱动原理、移动块原理、半球轮原理、陀螺仪平衡器原理、固定于质心轴上的配重块原理、移动于质心轴上的配重块原理。近年来，国内也对单轮滚动机器人进行了深入研究。香港中文大学设计了一种单轮滚动机器人，它的驱动部件是一个旋转的飞轮，飞轮的轴承上安装有双链条的操纵器和一个驱动电动机。飞轮不仅可以使机器人实现稳定运行，还可以控制机器人运动的方向。如图4-2所示，国防科技大学设计了一种多运动态球形机器人。当我们把这个"圆球"投掷出去，机器人落地后随即沿球体中心展开为轮状，实现全方位运动，从而适应多种地形。当它需要移动时则通过刚才展开的"半球轮"进行滚动。同时这个机器人还设置了跳跃装置，通过弹簧完成翻越障碍的需求。安设在顶部的摄像头则可以多角度全方位地进行侦察，而此时的战场指挥员则可以在安全的地方通过传回的视频，进行远距离控制。

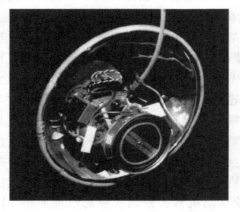
图4-1　Gyrover单轮滚动机器人

图4-2　多运动态球形机器人

2016年，卡内基梅隆大学机器人研究协会的Hollis教授以及日本东北学院大学的工程学教授Masaaki Kumagai联手打造了一款优雅程度不输ballbot的新版本，叫作SIMbot，而驱使它运动的部分只剩下了一个：球。和大约十年前采用机械驱动系统的ballbot机器人相比，SIMbot采用一个很简单的驱动系统，其焦点是"球异步电动机"（SIM）。这意味着SIMbot更简单，而且方便平常保护。SIMbot新的电动机可以利用电子控制机器人向任何方向运转。测试表明：SIMbot移动速度达到约1.9m/s，和人类快步行走速度相近。SIMbot机器人在活动中利用感应电动机、球形转子和软件，使得它能在三个轴任意方向上移动。这类新型电动机的设想使球形转子扭转一路走下去，而不是仅限于几度的活动。其中的固态电动机采用镀铜的空心铁球，球旁边的6层叠钢板定子引导电流在球上移动。如图4-3所示。

继能骑自行车的机器人村田顽童之后，村田制作所又开发出能骑独轮车的村田婉童（如图4-4所示）。村田婉童在 CEATEC JAPAN 2008 的村田制作所的展位中表演了她的"独门绝活"。

图4-3　SIMbot机器人

图4-4　村田婉童机器人

其主要功能：

① 骑独轮车保持平衡并站立不动，骑独轮车行走；

② 使用US传感器来保持一定的距离；

③ 利用实况摄像机发送动态图像。

村田婉童所搭载的村田的主要产品如下。

① 检测倾斜度的传感器（2个）　能检测出行走时身体姿势的倾斜度。通过接收从传感器发出的信号，来转动车轮（用于调整前后方向）和任意旋转置于腹部的惯性轮（用于调整左右方向），以此使村田婉童能保持平衡而不摔倒。

② 检测障碍物的超声波传感器（发送信号＋接收信号各1对）　通过测定发射的超声波在遇到障碍物时反射回来的信号之间的时间差，来检测出至障碍物的距离。

③ Bluetooth通信模块　利用2.45GHz频率带域的电波，与移动信息设备和电脑收发

命令和数据。

（Bluetooth是Bluetooth SIG Inc.的注册商标。）

④ 使用于一般电路中的通用元件　在其他的一般电路中还使用了很多村田制作所的通用电子元器件，如能正确供电的片状独石陶瓷电容器、振荡电路能输出标准信号的陶瓷振荡子（CERALOCK®）、用于检测温度的NTC热敏电阻、调整电路特性偏差的微调电位器、消除电磁干扰的EMI静噪滤波器（EMIFIL®）等。

针对单轮滚动机器人的研究工作主要包括：

① 单轮滚动机器人的动态模型建立以及推进力与操纵机构的耦合和参数化问题；

② 基于位置传感器的运动信息获取方法；

③ 动态稳定而静态不稳定的控制。

单轮滚动机器人的研究具有广阔的应用前景：利用其水陆两栖的特性，将它引入到海滩和沼泽地等环境，进行运输、营救和矿物探测；利用其外形纤细的特性将它用作监控机器人，实现对狭窄地方的监控；在航天领域，基于单轮滚动机器人的原理可以开发一种不受地形影响、运动自如的月球车。

2. 两轮移动机器人

两轮移动机器人主要包括自行车机器人、摩托机器人和两轮呈左右对称布置的两轮移动机器人。

（1）自行车机器人　自行车机器人是机器人学术界提出的一种智能运输（或交通）工具的概念，由于其车体窄小、可作小半径回转、运动灵活、结构简单，因此可在灾难救援、森林作业中得到广泛应用。但到目前，仍处于理论探讨和初步的实验研究阶段。自行车运动力学特征较为复杂，其两轮纵向布置，与地面无滑动接触，它本身就是一个欠驱动的非完整系统，还具有一定的侧向不稳定性，如果不对它实施侧向控制，自行车就不能站立起来。同时自行车具有对称性特征，即它的拉格朗日函数和约束关于自行车在路面上的位姿变化是不变的。因此，自行车机器人的控制问题相当困难，如不能采用连续或可微的纯状态反馈实现系统的渐近稳定，不能采用非线性变换实现整体线性化，等等。所以，自行车机器人是一个令人非常感兴趣的研究领域，其动力学与控制极具挑战性。南非比勒陀利亚大学的Y Yav in设计了两种带机械调节器的自行车机器人，分别为带有转动杆调节器的自行车机器人和带有转动飞轮调节器的自行车机器人，建立了相对应的动力学模型，并且对动力学模型进行了简化。他运用逆动态方法设计了自行车机器人的轨迹跟踪控制器，并且对自行车机器人的稳定性及避免碰撞控制进行了研究。上海交通大学的刘延柱教授最早对自行车动力学进行了研究，他在1995年提出要考虑人的控制因素对动力学的影响，并提出单纯依靠车把就可以实现自行车的稳定控制，同时获得了稳定性条件。北京邮电大学的郭磊、廖启征、魏世民根据依靠车把控制的方法，分别以电位计和速率陀螺仪检测出自行车的倾斜角度，然后通过控制车把转向来实现对自行车的侧向平衡控制。近年来，大部分研究工作都是围绕着自行车机器人动力学建模和提出新的控制算法这两方面内容展开的。Neil H.Getz提出了一种较为简单的自行车机器人动力学模型，并为机器人设计了一个内部平衡控制器，在他所建的动力学模型中，将转动车把的转矩和自行车后轮的驱动转矩作为系统输入。一些研究人员提出了一种2个二阶非线性微分方程描述的自行车动力学模型，并使用在线加强学习的智能算法实现自行车机器人的稳定控制。另一些研究人员考虑到配重机构对于自行车机器人稳定控制的重要作用，提出了一种1个二阶非线性微分方程描述的动力学模型，并使用非线性控制理论设计了基于该模型的控制律。自行车机器人研究存在的问题主要包括自行车机器人在运动时的建模和分析、自行车机器人的侧向稳定控制机理、自行车机器人在不同载重下的平衡问题、自行车机器人对复杂地面的适应能力。

（2）村田顽童机器人　村田顽童是村田制作所自主开发的自行车机器人，它的骑车技能甚至超过了人类。如图4-5所示，别看个子小，它可是拥有许多独门绝活儿：停而不倒、坡道上行走、远距离操控、倒车入库、过独木桥等。

图4-5　村田顽童骑车

村田顽童骑在与车轮同样大小宽度的平衡木坡道上，即使在停止的情况下也不会倒下。村田顽童集合了村田制作所的尖端电子技术，并将村田制作所的产品和先进控制技术应用于机器人，包括应用于姿势控制的陀螺传感器、传送接收命令的蓝牙模块、眼部摄像机所使用的透光性陶瓷镜头、超薄型压电扬声器、蓄电池装置、电源模块等，并装置了电子回路用的电容器、EMI静噪滤波器等众多的通用电子元件。村田顽童的成功，更应该归功于村田制作所的研发实力、高度的控制技术、回路设计技术、软件开发等方面。（村田顽童仅以村田制作所企业宣传为目的，不用于销售。）

是什么技术让村田顽童能做到这些连人都做不到的事情呢？让我们来看看村田顽童的小秘密：原来在它身上安装了村田制作所开发的可保证在停止时不摔倒的陀螺传感器、能发现并回避障碍物的超声波传感器和感知路面高低差的振动传感器。

通过陀螺传感器测量水平方向的角速度和左右（摔倒）方向的角速度，计算出当前位置和倾斜度，就可在停止时用置于胸部的惯性轮的惯性力来避免摔倒。陀螺传感器能敏锐捕捉细微姿势变化，因此就算在独木桥上，它也能通过眼睛摄像头从图像中识别轨道的细微差别，从而能慢慢地直行。

当碰到凹凸不平的路面时，村田顽童的振动传感器将通过车身的振动来检测路面情况，帮助自行车慢速通过，这一技术被用于实现笔记本电脑的硬盘保护功能。

当发现前方有障碍物时，村田顽童安装在胸部的第二副眼睛——超声波传感器能够发现并回避障碍物：右眼发出40kHz的超声波，左眼则捕捉这一反射波，通过其时间差来计算与障碍物之间的距离。该技术也被应用于汽车的倒车雷达等领域。

装在村田顽童胸前的MTC模块是利用双向无线通信技术的认证系统。如果携带内置MTC模块的无线钥匙，就可以自动验证个人身份，那么只要靠近村田顽童，"门"就会自动打开。

此外，村田顽童还装备有导航系统，可以按照预先设置好的路线行驶。这是利用陀螺传感器精确测定前进方向，并通过通信模块与控制计算机进行数据交换来实现的。

除上述元器件外，村田顽童还配备了独石陶瓷电容器、陶瓷振荡子、负温度系数热敏电阻、微调电位器、EMI静噪滤波器等多种村田制作所的电子元器件。村田制作所先进的传感器和控制技术不但让村田顽童梦想成真，也将帮助我们在自动化控制、通信、车载电子、线路设计等领域实现无限可能。

（3）Motobot Ver.2机器人　2017年，雅马哈发布了最新版操纵摩托车的人型机器人Motobot Ver.2，顾名思义，这是Motobot Ver.1的升级版（如图4-6所示）。据了解，它在第45届东京Motor Show 2017上对外展出。升级版的Motobot Ver.2的优点体现在：机器人在摩托车车体尚未经过改装的情况下就可直接跳上车，并像真人一样去驾驶摩托车。

Motobot Ver.2的最高速度可达200km/h。并根据摩托车的速度、引擎运转速度、骑车姿势等信息，机器人能自主地操纵和改变方向、调整速度、制动等。

Motobot Ver.2具有一副深蓝色的坚硬机器人外壳，由复合材料制作而成，并配有一副黑色的摩托车头盔，它以驾驶摩托车的前倾姿势俯身向下，看起来很像一位飙车技术高超的骑手。它的机器人手掌操控着油门、制动和离合。

图4-6　Motobot Ver.2机器人

图4-7　Recon Scout机器人

（4）Recon Scout战场微型两轮机器人　如图4-7所示，Recon Scout看上去就像车后轴，但却是一种紧凑的两轮监视机器人，有可能成为一种用于战场的受欢迎的侦察机器人。它形如2.5lb（1lb=0.45359237kg）的"哑铃"，带有一台照相机，可通过手提装置观察，也可用来对它控制。明尼苏达大学研制的Recon Scout是基于海军陆战队的标准，易于使用（在充电几分钟后，可单手操作），而且它具有坚硬的钛合金外壳，甚至可以由一枚迫击炮发送，或从一架无人空中侦察机上落下对地面观察。Recon Scout的照相机并不是专用的，而是一台低分辨率的单色照相机，是它通过无线传送录像到操作控制单元（接收机），距离大约是300ft（1ft=0.3048m）以外。最大的优点是：因为它的质量仅仅在1lb左右，可以作为基本的军用背包的标准装备，因此可以采用单个或数个来侦察，得到前方战场的真正的情况。它的用户不仅仅是军队，还出售给执法机构。

（5）两轮平衡车变身成替人开会的机器人QB　据《每日邮报》2010年5月19日报道，美国硅谷ANYBOTS公司研制出一款可以替代人们参加会议的机器人QB。如图4-8所示，有了QB，只要待在家里，就可以参加会议。QB机器人是鲍勃·克里斯托弗在开发"恐龙电子宠物"之后的又一经典之作。

图 4-8　QB 机器人

据悉，这台净重约 15kg 的可爱机器人其实就是一台带有两个轮子的电话会议系统。它身体十分灵活，可以在各房间之间自由穿梭，甚至可以去工厂。它自我平衡性非常好，身上携带的两个铝质橡胶轮会使它具有同人类一样的正常步行速度。此外，它的高度还可以在约 0.91m 到 1.73m 之间任意变换。

在 QB 的主板上有一台主控电脑和几台迷你电脑。它的头部有一台液晶显示器，远程操控人员只需在家安置一只摄像头，本人的形象就可出现在显示器上。QB 的一只眼睛中有一只 500 万像素的摄像头，远程操控者通过这个摄像头可以看到会议室的场景。它的耳朵中有三个麦克风，从而将会议室的声音真实地传达给使用者。同时，使用者的声音还可以通过 QB 头上的一个高音质扩音器传达到会议室。此外，在 QB 的头上还装有一台低分辨率的照相机，可供人们根据需要使用。最后，QB 机器人会将会议所涉及的全部信息通过互联网传达给使用者。

克里斯托弗表示，QB 就是会议参加者身体的延续，它可以使人们在家就可以参加各种各样的会议。

（6）艾可智能环保清洁机器人　2018 年，新加坡机场上岗了一种艾可垃圾桶机器人，它是一台带广告视频播放功能的机器人，这台垃圾桶机器人拥有无人驾驶模式，可以自己思考行走路线，自主定位导航（如图 4-9 所示）。遇到顽皮的孩子要过去堵它，它会停下思考一分钟："垃圾扔了吗？扔了吗？那好，我走了哦！"然后绕开行人继续前行收垃圾。要是去撞它一下，它会警告："Caution!"仿佛在说，不要欺负我，我在工作呢。

艾可 iSmart V1.5.0 无人驾驶洗地机针对人流量大的地方，比如机场、医院、商超、物业，白天清洁轻微垃圾（瓜子皮、果皮屑、纸张）和推走地面灰尘，同时干爽地面，夜晚人流量少的时候，进行深度洗地拖地（如图 4-10 所示）。

艾可机器人动力系统的锂电池容量高达 130A·h，一次充满电仅需 3~4h，单次连续工作时间大于 8h，而 80L 的净水箱容量和 45L 污水箱容量，也为机器人的续航用水补给提供了时间保障。清洁效率方面，配上 560mm 超大滚刷的 iSmart V1.5.0，可以达到 2016m²/h，单次充电清洁面积 15000~16000m²。在安全性方面，iSmart V1.5.0 清洁机器人配置了三维 360° 150m全景激光雷达+近场 360°二维激光雷达、ToF激光智能相机，融合人体传感器/小光点激光测距传感模组，融合超声波传感器、电子防撞条、防跌落传感器等高科技设备，达到远场360°、150m、70000m²的秒级建图，近场360°环绕安全避障及绕障应对自如。除此之外，还可以通过艾可机器人运维平台，现场应用APP远程监控机器人的状态。在紧急情况下，还可以通过机器人上面的紧急制动功能停止机器人工作。

图4-9 新加坡机场的艾可垃圾桶机器人

图4-10 艾可iSmart V1.5.0无人驾驶洗地机

图4-11 iSmart V5.0交互媒体保洁机器人（又称无人驾驶洗地机）

作为艾可机器人的明星产品，iSmart V5.0交互媒体保洁机器人（又称无人驾驶洗地机），相比之前的版本不仅是外观上的升级，还在核心参数上进行了升级（如图4-11所示）。现在iSmart V5.0可以做到3D激光方圆150m立现，360°安全防护，三重清洁运维平台，再配上560mm超大滚刷，这些使得iSmart V5.0工作起来比同行产品更高效、更安全、更智能。

（7）两轮小车推出警用版 在2008年北京奥运会期间，一种可以站着驾驶的两轮小车给观众留下了深刻印象。这种名叫Segway（如图4-12、图4-13所示）的小车特别推出了警用版。警用版的Segway具备视野开阔、机动灵活等特点，一旦发生突发事件，特别是在拥堵的路况下，使用Segway可以在最短时间内到达现场。

图4-12 Segway样机图

图4-13 Segway 特警使用演习

Segway 是一种电力驱动、具有自我平衡能力的个人用运输载具，是都市用交通工具的一种。由美国发明家狄恩·卡门（Dean Kamen）与他的 DEKA 研发公司（DEKA Research and Development Corp.）团队发明设计，并创立赛格威责任有限公司（Segway LLC.），自 2001 年 12 月起将 Segway 商业化量产销售。虽然曾经一度被认为是划时代的科技发明，前景一片看好，但由于诸多现实因素所致，Segway 并没有在上市后获得原本预期的回响。Segway 的运作原理主要是建立在一种被称为"动态稳定"（Dynamic Stabilization）的基本原理上，也就是车辆本身的自动平衡能力。以内置的精密固态陀螺仪（Solid-State Gyroscopes）来判断车身所处的姿势状态，透过精密且高速的中央微处理器计算出适当的指令后，驱动电动机来做到平衡的效果。假设我们以站在车上的驾驶人与车辆的总体重心纵轴作为参考线，当这条轴往前倾斜时，Segway 车身内的内置电动机会产生往前的力量，一方面平衡人与车往前倾倒的转矩，另一方面产生让车辆前进的加速度，相反地，当陀螺仪发现驾驶人的重心往后倾时，也会产生向后的力量达到平衡效果。因此，驾驶人只要改变自己身体的角度，往前或往后倾，Segway 就会根据倾斜的方向前进或后退，而速度则与驾驶人身体倾斜的程度成正比。原则上，只要 Segway 有正确打开电源且能保持足够运作的电力，车上的人就不用担心有倾倒跌落的可能，这与一般需要靠驾驶人自己进行平衡的滑板车等交通工具大大不同。

（8）派维拉 Pevila 警用平衡车　派维拉警用平衡车是杭州海赛智能科技有限公司自主研发的警用平衡车，派维拉警用平衡车在 G20 杭州峰会期间承担接待、安保、警戒等任务，向世界展示中国汽车工业及智能科技的卓越品质，满载而归（如图 4-14 所示）。

图 4-14　派维拉 Pevila 警用平衡车亮相 G20 杭州峰会主会场

（9）波士顿动力两足轮式机器人　据 TechCrunch 报道，波士顿动力公司（Boston Dynamics）发布新视频，展示其升级版的两足轮式机器人 Handle 在仓库里搬箱子的场景，其表现甚至胜过人类。

波士顿动力公司 2017 年首次展示了 Handle。然而自那以后，这款机器人在产品序列中始终处于次要地位。虽然这款机器人并不比其他产品逊色，但波士顿动力公司的发布视频却几乎完全聚焦于 Atlas、Spot 以及 Spot Mini 上。

图 4-15 展示了 Handle 的货物搬运能力：这个机器人搬起重约 50kg 的板条箱。

图4-15　波士顿动力两足轮式机器人搬箱子

3. 三轮及四轮移动机器人

轮式移动机器人中最常见的机构就是三轮及四轮移动机器人。当在平整地面上行走时，这种机器人是最合适的选择。并且其他领域（如汽车领域）已为其发展提供了成熟的技术。下面从轮式移动机器人的转向机构来介绍三轮、四轮移动机器人的发展现状。轮式移动机器人的转向结构主要有如下5种：艾克曼转向、滑动转向、全轮转向、轴-关节式转向及车体-关节式转向。艾克曼转向是汽车常用的转向机构，使用这种转向方式的汽车中有前轮转向前轮驱动和前轮转向后轮驱动两种运动方式。西班牙塞维利亚大学研制的ROMEO4R机器人便采用了艾克曼转向机构，该机器人采用后轮驱动，前轮由电机控制实现转向。澳大利亚卧龙岗大学研制的Titan机器人也采用了艾克曼转向机构，该机器人前面两轮为自由轮，采用艾克曼转向机构，后面两个车轮分别由一个电机驱动，由差速实现转向。滑动转向的两侧车轮独立驱动，通过改变两侧车轮速度来实现不同半径的转向甚至原位转向，所以又称为差速转向。滑动转向的轮式移动机器人的结构简单，不需要专门的转向机构，并且滑动转向机构具有高效性和低成本性。美国佛罗里达农工大学研制的ATRVJr机器人及加拿大高等综合理工大学研制的Pioneer 3AT 机器人都采用了滑动转向原理。左边两个车轮和右边两个车轮分别用一个电机控制，靠两侧的差速度控制机器人的转向。轮式全方位移动机器人能够在保持车体姿态不变的前提下沿任意方向移动，这种特性使得轮式移动机器人的路径规划、轨迹跟踪等问题变得相对简单，使机器人能够在狭小的工作环境中很好地完成任务。又由于兼具了履带式机器人较强的越野能力和轮式机器人简单高效的特点，四轮全方位转向与驱动机构在机器人移动平台已获得了越来越广泛的应用。Mobile Robots Inc.开发的室内外清扫机器人Seekur便采用了四轮全方位转向与驱动机构，其移动平台采用8个电机分别控制4个轮子的转向和驱动。这种机构具有转向半径小、转向稳定容易等特点。另一种全方位移动方式是基于全方位移动轮构建的，目前主要的全方位移动轮为麦克纳姆轮。麦克纳姆轮主要应用在三轮及四轮全方位移动机器人上。麦克纳姆轮是瑞典麦克纳姆公司的专利，在它的轮缘上斜向分布着许多小滚子，故轮子可以横向滑移。小滚子的母线很特殊，当轮子绕着固定的轮心轴转动时，各个小滚子的包络线为圆柱面，所以该轮能够连续地向前滚动。麦克纳姆轮结构紧凑、运动灵活，是很成功的一种全方位轮。由4个这种轮子进行组合，可以使机构实现全方位移动功能。新西兰梅西大学研制了装有麦克纳姆轮的移动机器人，他们对这种机器人进行了运动控制实验。针对麦克纳姆轮在移动机器人应用中存在的一些缺陷，哈尔滨工业大学机器人研究所设计了一种新型的全方位轮。由这种全方位轮组成的全方位移动机构具有运转灵活、控制方便、效率较高、承载能力较强；轮上的各个小滚子一般均处于纯滚动状态，不易磨损；滚子轴的受力情况也较好，不易损坏；对各轮的转向和转速控制得当，可实现精确定位和轨迹跟踪等特点。此外，近年来还出现了一些新的全方位移动方式。如伊朗加兹温省的阿萨德大学研制的螺旋运动机器人Clmiax，Clmiax机器人有3个固定的车轮，分别由3个电机驱动，可以实现狭小空间的全方位移动。由于采用轴-关节式转向机构的机器人在转向时车轮转动幅度较大，因此这种转向方式一般不常采用。车体-关节式转向机器人，具有转弯半径小、转向灵活的特点，但其转向轨迹难以进行准确控制。并且在行驶时容易出现前轮和后轮轨迹不一致，需要用到其他辅助装置来约束后面车体的自由度。三轮移动机器人与四轮移动机器人类似，按转向及驱动方式的不同，分为前轮由电机实现转向、后轮驱动；前轮由电机实现转向、前轮驱动；前轮为万向轮，后面两个车轮分别由一个电机驱动，从而实现差速转向这3种方式。西班牙塞维利亚大学研制的机器人ROMEO3R，其前轮既是转向轮又是驱动轮，并且带有人工遥控和机器人自动行走的转换装置。到目前为止，对三轮及四轮移动机器人的相关研究很多，主要涉及机器人机构、体系结构、运动规划、导航与定位、跟踪控制、运动控制的反馈镇定、交互技术、多传感器系统与信息融合、智能技术等关键技术。同时，该类机器人的研究也为发展多轮及复合式机器人提供了基础，并将对现代汽车工业的发展产生深远影响。

Rev-1（如图4-16所示），基于轮式的交互机器人。Rev-1的质量约为45kg，速度可达24km/h，比Starship的机器人速度快8km/h。它为储物提供0.45m³的空间。与类似的机器人一样，当Rev-1到达目的地时，接收者可以通过在机器人的键盘中输入一次性代码来解锁存储箱。

图4-16　Rev-1机器人

自动驾驶机器人使用12个摄像头作为其主传感器系统，通过雷达和超声波传感器接收额外的情景数据。类似的机器人也使用激光雷达和更少的摄像头，但约翰逊-罗伯森表示，其系统足够可靠，无需昂贵的激光雷达技术，这样可以使其降低成本。约翰逊-罗伯森将Rev-1描述为"轻便、灵活、快速，足以在自行车道和道路上行驶"，并补充说它还可以应对可能使机器人减速或受到阻碍的恶劣天气条件。

保安机器人（如图4-17所示）——2009年1月21日，在东京举办的一次展览中，一位模拟入侵者躺在遥控保安机器人T-34身边的地上，正在网中挣扎，这张网是T-34机器人发射的。T-34的用户可通过该机器人的照相机看到运动的物体图像，并可利用手机控制这种机器人。T-34机器人具有对体温和声音产生反应的传感器，通过遥控可以发射出一张网，捉住入侵者。

嫦娥三号月球车（如图4-18所示）——2013年12月发射的嫦娥三号的任务是要实现落月就位探测和巡视，它不仅要在月球表面上实施软着陆，并且还要在月球上释放我国首辆月球车。2013年9月25日，国家国防科工局召开发布会，揭开了嫦娥三号月球车的神秘面纱，并面向全球征集名称。2013年11月26日，中国首辆月球车——嫦娥三号巡视器全球征名活动结束，月球车命名"玉兔"。此名既体现了中华民族的传统文化，又反映了中国和平利用太空的宗旨。

图4-17　保安机器人

图4-18　嫦娥三号月球车

全自动种树机器人Tree Rover（如图4-19所示）——2016年，出于对地球未来环境的担忧，两个还未毕业的大学生发明了一款全自动种树机器人。植树机器人的发明者Nick Birch和Tyler Rhodes是加拿大维多利亚大学工程系大三的学生。Tree Rover采用四轮电机驱动，具有适应森林地形的越野性能，在复杂的山地间，它能按照直线在固定的距离内自动种下一颗树苗。

图4-19　全自动种树机器人Tree Rover

中国弹药销毁机器人（如图4-20所示）——该机器人主要采用遥控方式实现载车地面移动，实现各项预定功能。通过无线或有线方式遥控载车完成引爆药的放置、未爆弹销毁等作业，通过无线图像传输系统将车载的摄像头捕获的现场视频图像传送到操作台显示分系统，供指挥员参考，并以此为依据对弹药销毁作业进行实时监控和修正，确保销毁作业成功。可以说，弹药销毁机器人的出现，除了大大增加爆破作业安全系数之外，也使得未爆弹药销毁由人工走上了机械化的道路。

为我们移居火星打前站的Justin（如图4-21所示）——Justin由德国宇航中心DLR设计制造，旨在为人类建造第一个火星栖息地。到目前为止，Justin可以使用工具、拍摄和上传照片、捕捉飞行物体和检测障碍物。现在，由于新的人工智能升级，Justin已经可以自己思考了。机器人Justin可以在宇航员的监督下自主执行复杂的任务，即使有些任务事先并未编程设定。目标识别软件和计算机视觉使Justin能够对环境进行探查，并进行清洁和维护机器、检查设备和携带物品等工作。在一次测试中，Justin在国际空间站上的宇航员通过平板电脑的指挥下，仅用了几分钟就修复了慕尼黑实验室里的一个有缺陷的太阳能电池板。对于Justin来说，这是一件小事，但对于人类来说，这是一次巨大的飞跃。

图4-20　中国弹药销毁机器人

图4-21　Justin

4. 复合式移动机器人

由于轮式、履带式等各类移动机器人都具有各自的优点和缺点，因此研制复合式机器人就显得十分必要，复合式移动机器人已逐渐成为现代移动机器人发展的重要方向。复合式移动机构（如复合轮式、轮-腿式、关节-履带式、关节-轮式、轮-腿-履带式等）广泛应用于复杂地形、反恐防暴、空间探测等领域。此类机器人具有较强的爬坡、过沟、越障和上下楼梯能力以及运动稳定性。轮-腿式移动机构运动稳定，具有较强的地形适应能力，应用较多；关节-履带式移动机构运动平稳性好，但速度比较慢，同履带式机器人一样，功耗较大；关节-轮式移动机构运动速度较快，但越障能力差，较多应用于管型构件中；轮-腿-履带式机构越障性能好，但转向性能差，功耗较大，运动控制比较复杂。

国防科技大学尚建忠等提出基于构型组合和构型创新的空间探测机器人移动机构设计方法。该方法将轮式空间探测机器人视为由轮系、悬架和车体三类子构型组合而成的多体系统。轮系包括普通轮系、外行星轮系、履带轮系、内行星轮系（笔者认为还可以把麦克纳姆轮系加入）；悬架包括四轮摇臂、六轮摇臂、八轮摇臂、双曲柄滑块联动悬架、四杆悬架；车体包括刚性连接车体、弹性连接车体、差速连接车体、纵向节式车体、横向节式车体。他们以四轮、六轮和八轮空间探测机器人为研究对象，通过同构组合得到70种新型同构组合空间探测机器人移动机构，通过异构组合得到165种新型异构组合空间探测机器人移动机构，比较系统地对轮式移动机器人的移动机构进行了归类及分析。国防科技大学研制了双曲柄滑块联动月球车。他们经过室内测试和场地试验表明，双曲柄滑块联动月球车通过曲柄滑块机构将车轮竖直方向的位移转化为滑块水平方向的位移，具有较好的平顺性、地面自适应能力和综合移动性能。日本宇航中心和明治大学等联合研制开发的Micro5是五轮机器人小车，该车具有一种新的五点悬吊结构——PEGASUS悬架系统，PEGASUS既有摇臂悬吊结构的高灵活机动性，又有一点连接的简单结构。意大利卡塔尼亚大学研制的轮-腿式移动机器人，用3个呈对称布置的移动腿来支撑机器人平台，腿的末端各带有一个轮子，每一个腿各由两个电动机来控制。可以保证在跨越小障碍物时机器人的平稳性。日本九州工业大学研制了6个轮子的轮-腿式机器人。前轮通过前叉连接到机器人上，后轮固定连接到机器人上，2对侧轮分别通过2侧的连接副连接到机器人上。韩国成均馆大学研制的管道机器人是一种多关节的轮-腿复合式蛇形机器人。韩国庆北大学研制了可以从蛇形式变成轮-腿式的可重构机器人。中国科学院沈阳自动化研究所自行研制的灵蜥-B型反恐防暴机器人采用了轮-腿-履带复合式移动机构，可由四轮变成四脚行走，具有较强的地面适应能力。美国卡内基梅隆大学研制了两种复合式机器人Snoopy和Medusa，这两种机器人都把蛇形机器人安装在四轮移动机器人上，融合了蛇形式和轮式这两类机器人的优点。

① 双曲柄滑块联动月球车自适应和越阻机理，如图4-22所示。

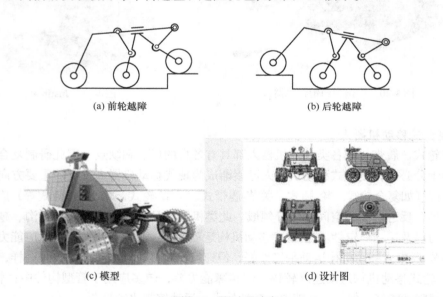

(a) 前轮越障　　　　　　　　　　　(b) 后轮越障

(c) 模型　　　　　　　　　　　(d) 设计图

图4-22　联动月球车

② 蚂蚁机器人——首个不带GPS的步行机器人，如图4-23所示。
（来源：科技日报北京2019年2月14日电）

据美国《每日科学》网站报道，法国研究人员深受沙漠蚂蚁的启发，研制出一款新型蚂蚁机器人（AntBot），这是首款无需全球定位系统（GPS）就可以自由探索周围环境并自动返回的行走机器人，为车辆自动驾驶和机器人导航技术开辟了新路径。

图4-23　蚂蚁机器人

法国国家科学研究中心（CNRS）和艾克斯-马赛大学（AMU）的研究人员设计的蚂蚁机器人复制了沙漠蚂蚁卓越的导航能力。该机器人配备了一个光学罗盘，用于通过偏振光确定其前进的方向，通过一个指向太阳的光学运动传感器来测量行进的距离。有了这些信息，蚂蚁机器人就能像沙漠蚂蚁一样，探索周围环境并在行进14m后自行回家，精确度达1cm。该机器人重量仅为2.3kg，有6只脚，使其可以在轮式机器人和无人机部署非常困难的复杂环境（如灾区、崎岖的地形、外星土壤等）中移动。

③ 等三角行星履带轮式地面无人平台。基于复合机构的非结构环境移动机器人"移动机构"是移动机器人的关键技术之一，直接影响甚至决定移动机器人在各种复杂恶劣环境下的运行操作能力。2018年世界机器人大会于8月15日至19日在北京亦创国际会展中心举行。作为大会议程之一，2018年世界机器人大会地面无人系统展示活动由北京市人民政府、工业和信息化部、中国科学技术协会、陆军装备部共同主办，将野外模拟环境引入展区，向观众展示我国军事发展所需的地面无人系统及先进技术成果。地面无人系统展示活动内容包括越野机动展示、仿生类无人平台山地输送展示等项目。图4-24为由陆军炮兵防空兵学院自主研发的第一代等三角行星履带轮式地面无人平台。

④ 环卫智慧作业机器人，如图4-25所示。环卫智慧作业机器人系列装备是高度融合新一代环卫装备先进设计技术、机器视觉技术、深度自学习技术、全场景图像识别技术、智能机器臂技术、互联网云+等先进创新技术的全球首款智慧机器人装备，深度搭载了激光雷达、超声波雷达、高精

图4-24　等三角行星履带轮式地面无人平台

度差分GPS、全场景摄像头等多重传感器及智能机器臂，基于特征驱动全局定位算法并融合传感器复合信息，实现机器人智慧作业与智能移动，同时采用多功能智能机器臂为机器人提供可拓展的多种作业能力。由院士专家和科技新闻工作者担任评委、湖南省科技新闻学会组织评选的2018年"湖南十大科技新闻"在长沙揭晓，中联环境的"全球首款

环卫智慧作业机器人研制成功"荣登榜单。

⑤ 美国好奇号探测器机器人，如图4-26所示。据外媒报道，美国航天局组装好的探测器于2019年进行了第一次确定其重心的旋转台试验，第二次也是最后一次旋转台试验于2020年春天在佛罗里达州卡纳维拉尔角的美国航天局基地进行。喷气推进实验室正在建造并将管理火星2020年探测器的运行。探测器将在卡纳维拉尔角的41号航天发射场搭载于美国联合发射联盟公司的"阿特拉斯-5"火箭发射。

图4-25　环卫智慧作业机器人　　　　图4-26　美国好奇号探测器机器人

当探测器在Jezero陨石坑着陆时，它将是行星探测史上第一个能够在着陆过程中精确地重新定位着陆点的航天器。

5.轮式机器人的分析与总结

（1）比较　表4-1对各类轮式机器人进行了比较。

表4-1　各类轮式机器人性能比较

机器人	单轮机器人	自行车机器人	两轮机器人	三轮及四轮机器人	复合式机器人
越障能力	一般	较差	一般	一般	优良
承载能力	较差	一般	一般	优良	一般
生存能力	优良	一般	优良	一般	优良
易于控制	优良	较差	一般	优良	一般
结构简单	优良	优良	优良	一般	较差
复杂地形	优良	一般	一般	一般	优良
调速能力	优良	一般	一般	优良	一般
其他能力	跳跃、潜水	无	无	无	变形、跳跃等

构型选择决定机器人行走控制方式及其精度。随着轮式移动机器人新构型的出现，必会对轮式移动机器人的移动控制、路径规划等方面产生重要影响。各类轮式移动机器人及其他移动机器人初始时都是基于特定的环境构建的，随着机器人技术的发展以及对机器人性能要求的提高，单种机器人已不能满足需要，移动机器人正向复合式方向发展。未来的轮式移动机器人可能具有移动、跳跃、飞行、变形、潜水等多种能力。并且，在进行机器人设计时，不仅要考虑到工作环境、控制精度、灵活性等方面，还要考虑到价

格、材料、功耗、环保等方面，以适应现代社会的发展需要。

（2）系统组成　从系统角度看，移动机器人由近端操作人员、远端移动机器人和运动环境现场构成，整个系统的组成示意图如图4-27所示，由此构成了人、机器人、环境三者相互紧密联系的一个整体。

操作人员在遥操作端根据作业任务要求，通过遥操作平台的人机交互接口，借助反馈信息控制机器人完成特定的作业任务。远端机器人的反馈信息包括了运动现场的环境信息，如路面的起伏变化、障碍物状况、室内外环境状况等，也包括了机器人自身的位姿信息，如运动速度、加速度、各摆臂的关节角度变化、机器人本体姿态等，而操作人员依据终端反馈的信息，根据特定作业任务的要求发送操作与控制指令信息，控制机器人前进、后退、转向、摆臂摆动、切换运动模式、越障等运动。

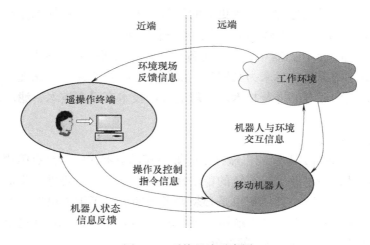

图4-27　系统组成示意图

（3）主要技术　机器人的主要技术如下：机器人机构、导航和定位、路径规划、传感器技术、控制技术、移动机器人传感器技术、屏蔽技术等。

① 机器人机构。轮式机器人的机构设计属于机械领域，在设计过程中不仅要考虑自身重量的影响，还要考虑到工作环境的影响，而且不能对数据的采集和分析产生干扰。在轮式机器人的机构设计中，最为重要的是转向机构的设计，如今，转向机构主要分为如下几种：艾克曼转向（前轮转向前轮驱动或者前轮转向后轮驱动）、滑动转向（两侧车轮独立驱动）、全向转动（基于全方位移动轮构建，如麦克纳姆轮）、轴-关节转向（车轮转动幅度较大）、车体-关节转向（转弯半径小，转向灵活，但是轨迹难以控制）。在轮式机器人的设计中应根据具体需要来选择转向机构的设计。

② 导航和定位。导航和定位是确定机器人在多维工作环境中相对于全局坐标的位置，是移动机器人最基本的环节。导航方式有惯性导航、磁导航、视觉导航、卫星导航等，定位方式有惯性定位、陆标定位、声音定位等，在机器人设计中，需要对轮式机器人的模型进行分析，才能得出合理有效的导航方式和定位方式。

③ 路径规划。路径规划，即让轮式机器人按照某一性能指标搜索一条起始状态到目标状态的最优路径。在设计过程中，路径规划要考虑全局路径和局部路径两个方面。其

中全局路径是机器人运行的总路径，而局部路径可以使机器人在运动过程中避免碰撞。在分析运动过程时，可以考虑用D-H参数法对其进行分析。

④ 传感器。在轮式机器人中，传感器就相当于人的感官。它收集外界和自己发生的信息，从而为后续处理积累了前期的数据。轮式机器人中会用到的传感器一般有如下几种：内部有测量机器人行进速度的，如线加速度计；测量转角的，如陀螺仪；外部的传感器主要是用来检测外部环境，防止碰撞，如超声波传感器、视觉传感器等。传感器将采集来的数据传送给控制器，再加以处理，才能使得轮式机器人按照预定路径进行移动。

⑤ 控制。常见的控制有PID控制，但是这些年一般对机器人采用的都是模糊控制，因为模糊控制不需要建立数学模型，可以语言化地表达复杂的非线性系统。另外，由于工作环境的要求，很多轮式机器人都用上了遥控技术，这样，可以扩大机器人的工作空间和工作能力，但是遥控通常会产生更大的误差，因此，如何更好地控制误差，使其达到预定的工作效果，是遥控技术不可不考虑的一个问题。

⑥ 屏蔽。机器人工作过程中，会产生各种干扰，如何去除这些干扰，让机器人更为可靠，就需要更好的屏蔽技术来为其服务。屏蔽设计时要考虑到可靠性、适应性以及经济性，尽量为其找到适合的屏蔽技术。一般的屏蔽技术有隔离技术、滤波技术、接地抑制反电势干扰技术等。

（4）未来发展制约

① 驱动系统。最新的电气和机械技术能够使移动机器人完全没有障碍地应用于家居和办公环境，但是，在工业上，系统的稳定性和可重复性还需要进一步提高。对于家用的移动机器人，进一步减小其体积也是必须要考虑的。除了类人机器人的行走问题才刚刚解决以外，普通移动机器人的轮式结构已经发展了50多年了，无疑在这个方面，驱动系统已经不再是限制移动机器人发展的部分了。

② 传感器系统。视觉和听觉传感器已经是非常便宜了，一个质量非常不错的摄像头系统只要200元就可以在电脑市场买到，听觉传感器就更便宜了，十几块钱的麦克风随便哪里都可以买到。在计算机图像处理技术日新月异的今天，很快就能出现比较成熟的图像识别和处理软件，到那个时候，以前限制机器人系统的传感器问题将得到根本性的解决，机器人从理论上已经拥有和人类一样的感知能力了。

编码器、加速传感器、陀螺仪、GPS系统和激光扫描传感器也已经在工业上很广泛地被使用了。再加上视觉传感器，工业上使用的机器人在感知能力上已经超过了人类自身。

③ 计算处理能力。如果20世纪90年代以前限制机器人发展的原因是其计算处理能力的话，那么进入21世纪以后，这就不再是瓶颈了。在20世纪90年代初期，美国AⅢ举办的移动机器人竞赛中还常常出现抱着两台80286台式机的机器人。现在一台笔记本都可以提供相当于当时100倍的计算处理能力。更别说其CPU的主频每天都在被提高中，其处理能力也在以每2年翻1倍的速度增长。同时处理软件功能也在不断增强中，现在的我们可以不用再为找一个编译器而到处找资料了，也可以不用再为软件中的漏洞而绞尽脑汁，我们可以舒舒服服坐在家里编写控制程序。遇到任何问题都有相当详细的说明文档供参考。

④ 软件壁垒。缺少一套可以适应不同环境和任务的控制算法是目前制约移动机器人

发展的最大障碍。目前的算法都仅能够适用于被规划好的环境，在没有规划好的环境中，机器人几乎是寸步难行。代表当今移动机器人方面最高水准的美国NASA的火星ROVER也是由人类操控的。对于移动机器人来说，能够移动是最基本的要求，因此发展一套能够让机器人具备人类一样移动能力的控制软件就变得至关重要。同样，视觉处理也是其中一个很关键的问题。

第五章

工业机器人
和机械手

一、工业机器人介绍

工业机器人通常指的是一个单纯的机器人（它是机器人的一种，其他的如服务机器人等），可进行编程操作，但它自己通常和末端执行器（机械手：简单的机器或智能机器的末端执行器，比如用于搬运玻璃的吸盘架等）组装才能组成一台完整的机器。

工业机器人是面向工业领域的多关节机械手或多自由度的机器人。工业机器人是自动执行工作的机器装置，是靠自身动力和控制能力来实现各种功能的一种机器。它可以接受人类指挥，也可以按照预先编排的程序运行，现代的工业机器人还可以根据人工智能技术制定的原则纲领行动。

20世纪40年代中后期，机器人的研究与发明得到了更多人的关心与关注。50年代以后，美国橡树岭国家实验室开始研究能搬运核原料的遥控操纵机械手，如图5-1所示，这是一种主从型控制系统。主机械手的运动系统中加入力反馈，可使操作者获知施加力的大小，主从机械手之间有防护墙隔开，操作者可通过

图5-1　遥控操纵机械手

观察窗或闭路电视对从机械手操作机进行有效监视。主从机械手系统的出现为机器人的产生，为近代机器人的设计与制造做了铺垫。

1954年美国戴沃尔最早提出了工业机器人的概念，并申请了专利。该专利的要点是借助伺服技术控制机器人的关节，利用人手对机器人进行动作示教，机器人能实现动作的记录和再现。这就是所谓的示教再现机器人。现有的机器人差不多都采用这种控制方式。1959年第一台工业机器人在美国诞生，开创了机器人发展的新纪元。

1. 工业机器人的特点

戴沃尔提出的工业机器人有以下特点：将数控机床的伺服轴与遥控操纵连杆机构连接在一起，预先设定的机械手动作经编程输入后，系统就可以离开人的辅助而独立运行。这种机器人还可以接受示教而完成各种简单的重复动作，示教过程中，机械手可依次通过工作任务的各个位置，这些位置序列全部记录在存储器内，任务的执行过程中，机器人的各个关节在伺服驱动下依次再现上述位置，故这种机器人的主要技术功能被称为"可编程"和"示教再现"。

1962年美国推出的一些工业机器人的控制方式与数控机床大致相似，但外形主要由类似人的手和臂组成。后来，出现了具有视觉传感器的、能识别与定位的工业机器人系统。当今工业机器人技术正逐渐向着具有行走能力、具有多种感知能力、具有较强的对作业环境的自适应能力的方向发展。

2. 工业机器人的构造与分类

工业机器人由主体、驱动系统和控制系统三个基本部分组成。主体即机座和执行机构，包括臂部、腕部和手部，有的机器人还有行走机构。大多数工业机器人有3~6个运动自由度，其中腕部通常有1~3个运动自由度。驱动系统包括动力装置和传动机构，用以使执行机构产生相应的动作。控制系统按照输入的程序对驱动系统和执行机构发出指令信号，并进行控制。

工业机器人按臂部的运动形式分为四种。直角坐标型的臂部可沿三个直角坐标移动；圆柱坐标型的臂部可作升降、回转和伸缩动作；球坐标型的臂部能回转、俯仰和伸缩；关节型的臂部有多个转动关节。

工业机器人按执行机构运动的控制机能，又可分为点位型和连续轨迹型。点位型只控制执行机构由一点到另一点的准确定位，适用于机床上下料、点焊和一般搬运、装卸等作业；连续轨迹型可控制执行机构按给定轨迹运动，适用于连续焊接和涂装等作业。

工业机器人按程序输入方式区分有编程输入型和示教输入型两类。编程输入型是将计算机上已编好的作业程序文件，通过RS-232串口或者以太网等通信方式传送到机器人控制柜。示教输入型的示教方法有两种：一种是由操作者用手动控制器（示教操纵盒），将指令信号传给驱动系统，使执行机构按要求的动作顺序和运动轨迹操演一遍；另一种是由操作者直接驱动执行机构，按要求的动作顺序和运动轨迹操演一遍。在示教过程的同时，工作程序的信息即自动存入程序存储器中，在机器人自动工作时，控制系统从程序存储器中检出相应信息，将指令信号传给驱动机构，使执行机构再现示教的各种动作。示教输入程序的工业机器人称为示教再现型工业机器人。

具有触觉、力觉或简单的视觉的工业机器人，能在较为复杂的环境下工作。如具有识别功能或更进一步增加自适应、自学习功能，即成为智能型工业机器人。它能按照人给的"宏指令"自选或自编程序去适应环境，并自动完成更为复杂的工作。

3. 工业机器人的应用

工业机器人在工业生产中能代替人做某些单调、频繁和重复的长时间作业，或是危险、恶劣环境下的作业，例如在冲压、压力铸造、热处理、焊接、涂装、塑料制品成形、机械加工和简单装配等工序上，以及在原子能工业等部门中，完成对人体有害物料的搬运或工艺操作。

20世纪50年代末，美国在机械手和操作机的基础上，采用伺服机构和自动控制等技术，研制出有通用性的独立的工业用自动操作装置，并将其称为工业机器人；60年代初，美国研制成功两种工业机器人，并很快地在工业生产中得到应用；1969年，美国通用汽车公司用21台工业机器人组成了焊接轿车车身的自动生产线。此后，各工业发达国家都很重视研制和应用工业机器人。

由于工业机器人具有一定的通用性和适应性，能适应多品种中、小批量的生产，20世纪70年代起，常与数字控制机床结合在一起，成为柔性制造单元或柔性制造系统的组成部分。

4. 中国工业机器人

我国工业机器人起步于20世纪70年代初期，大致经历了3个阶段：70年代的萌芽期，80年代的开发期和90年代的适用化期。

20世纪70年代是世界科技发展的一个里程碑：人类登上了月球，实现了金星、火星的软着陆。我国也发射了人造卫星。世界上工业机器人应用掀起一个高潮，尤其在日本发展更为迅猛，它补充了日益短缺的劳动力。在这种背景下，我国于1972年开始研制自己的工业机器人。

进入20世纪80年代后，在高技术浪潮的冲击下，随着改革开放的不断深入，我国机器人技术的开发与研究得到了政府的重视与支持。"七五"期间，国家投入资金，对工业机器人及其零部件进行攻关，完成了示教再现式工业机器人成套技术的开发，研制出了喷涂、点焊、弧焊和搬运机器人。1986年国家高技术研究发展计划（863计划）开始实施，智能机器人主题跟踪世界机器人技术的前沿，经过几年的研究，取得了一大批科研成果，成功地研制出了一批特种机器人。

从20世纪90年代初期起，我国的国民经济进入实现两个根本转变时期，掀起了新一轮的经济体制改革和技术进步热潮，我国的工业机器人又在实践中迈进一大步，先后研制出了点焊、弧焊、装配、喷漆、切割、搬运、包装、码垛等各种用途的工业机器人，并实施了一批机器人应用工程，形成了一批机器人产业化基地，为我国机器人产业的腾飞奠定了基础。

虽然中国的工业机器人产业在不断进步中，但由于某些核心技术的缺失，我国机器人产业发展水平仍有待提高。

二、工业机器人的控制技术

机器人控制系统是机器人的大脑，是决定机器人功能和性能的主要因素。新加坡南洋理工大学研发出自主组装宜家斯特凡椅子的工业机器人，如图5-2所示。

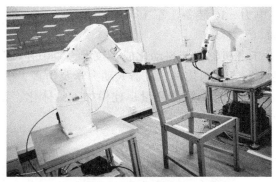

图 5-2　自主组装宜家斯特凡椅子的工业机器人

工业机器人控制技术的主要任务就是控制工业机器人在工作空间中的运动位置、姿态和轨迹、操作顺序及动作的时间等。具有编程简单、软件菜单操作、友好的人机交互界面、在线操作提示和使用方便等特点。

1. 工业机器人关键技术

① 开放性模块化的控制系统体系结构：采用分布式CPU计算机结构，分为机器人控制器（RC）、运动控制器（MC）、光电隔离I/O控制板、传感器处理板和编程示教盒等。机器人控制器（RC）和编程示教盒通过串口、CAN总线进行通信。机器人控制器（RC）的主计算机完成机器人的运动规划、插补和位置伺服以及主控逻辑、数字I/O、传感器处理等功能，而编程示教盒完成信息的显示和按键的输入。

② 模块化层次化的控制器软件系统：软件系统建立在基于开源的实时多任务操作系统Linux上，采用分层和模块化结构设计，以实现软件系统的开放性。整个控制器软件系统分为三个层次：硬件驱动层、核心层和应用层。三个层次分别面对不同的功能需求，对应不同层次的开发，系统中各个层次内部由若干个功能相对独立的模块组成，这些功能模块相互协作共同实现该层次所提供的功能。

③ 机器人的故障诊断与安全维护技术：通过各种信息对机器人故障进行诊断，并进行相应维护，是保证机器人安全性的关键技术。

④ 网络化机器人控制器技术：目前机器人的应用工程由单台机器人工作站向机器人生产线发展，机器人控制器的联网技术变得越来越重要。控制器上具有串口、现场总线及以太网的联网功能。可用于机器人控制器之间和机器人控制器同上位机的通信，便于对机器人生产线进行监控、诊断和管理。

2. 工业机器人的技术特点

① 技术先进。工业机器人集精密化、柔性化、智能化、软件应用开发等先进制造技术于一体，通过对过程实施检测、控制、优化、调度、管理和决策，实现增加产量、提高质量、降低成本、减少资源消耗和环境污染，是工业自动化水平的最高体现。

② 技术升级。工业机器人与自动化成套装备具备精细制造、精细加工以及柔性生产等技术特点，是继动力机械、计算机之后，出现的全面延伸人的体力和智力的新一代生产工具，是实现生产数字化、自动化、网络化以及智能化的重要手段。

③ 应用领域广泛。工业机器人与自动化成套装备是生产过程的关键设备，可用于制造、安装、检测、物流等生产环节，并广泛应用于汽车整车及汽车零部件、工程机械、

轨道交通、低压电器、电力、IC装备、军工、烟草、金融、医药、冶金及印刷出版等众多行业，应用领域非常广泛。

④ 技术综合性强。工业机器人与自动化成套技术，集中并融合了多项学科，涉及多项技术领域，包括工业机器人控制技术、机器人动力学及仿真、机器人构建有限元分析、激光加工技术、模块化程序设计、智能测量、建模加工一体化、工厂自动化以及精细物流等先进制造技术，技术综合性强。

三、工业机器人的发展前景

在发达国家，工业机器人自动化生产线成套设备已成为自动化装备的主流及未来的发展方向。国外汽车行业、电子电器行业、工程机械行业等已经大量使用工业机器人自动化生产线，以保证产品质量，提高生产效率，同时避免了大量的工伤事故。全球诸多国家半个多世纪的工业机器人的使用实践表明，工业机器人的普及是实现自动化生产，提高社会生产效率，推动企业和社会生产力发展的有效手段。

机器人技术是具有前瞻性、战略性的高技术领域。国际电气电子工程师协会IEEE的科学家在对未来科技发展方向进行预测中提出了4个重点发展方向，机器人技术就是其中之一。

1990年10月，国际机器人业界人士在丹麦首都哥本哈根召开了一次工业机器人国际标准大会，并在这次大会上通过了一个文件，把工业机器人分为四类：①顺序型，这类机器人拥有规定的程序动作控制系统；②沿轨迹作业型，这类机器人执行某种移动作业，如焊接、喷漆等；③远距作业型，比如在月球上自动工作的机器人；④智能型，这类机器人具有感知、适应及思维和人机通信机能。

日本工业机器人产业早在20世纪90年代就已经普及了第一和第二类工业机器人，并达到了其工业机器人发展史的鼎盛时期。而今已在发展第三、四类工业机器人的路上取得了举世瞩目的成就。日本下一代机器人发展重点有：低成本技术、高速化技术、小型和轻量化技术、提高可靠性技术、计算机控制技术、网络化技术、高精度化技术、视觉和触觉等传感器技术等。

根据日本政府2007年制订的一份计划，日本2050年工业机器人产业规模将达到1.4兆日元，拥有百万工业机器人。按照一个工业机器人等价于10个劳动力的标准，百万工业机器人相当于千万劳动力，是目前日本全部劳动人口的15%。

我国工业机器人起步于20世纪70年代初，其发展过程大致可分为三个阶段：70年代的萌芽期，80年代的开发期，90年代的实用化期。而今经过几十年的发展已经初具规模。目前我国已生产出部分机器人关键元器件，开发出弧焊、点焊、码垛、装配、搬运、注塑、冲压、喷漆等工业机器人。一批国产工业机器人已服务于国内诸多企业的生产线上，一批机器人技术的研究人才也涌现出来。一些相关科研机构和企业已掌握了工业机器人操作机的优化设计制造技术，工业机器人控制、驱动系统的硬件设计技术，机器人软件的设计和编程技术，运动学和轨迹规划技术，弧焊、点焊及大型机器人自动生产线与周边配套设备的开发和制备技术，等。某些关键技术已达到或接近世界水平。

一个国家要引入高技术并将其转化为产业技术（产业化），必须具备5个要素，即：设备、材料、人力、管理、市场（5M：Machine/Materials/Manpower/Management/Market）。同有着"机器人王国"之称的日本相比，我国有着截然不同的基本国情，那就是人口多、劳动力过剩。刺激日本发展工业机器人的根本动力就在于要解决劳动力严重短缺的问题。所以，我国工业机器人起步晚发展缓。但是正如前所述，广泛使用机器人是实现工业自动化，提高社会生产效率的一种十分重要的途径。我国正在努力发展工业机器人产业，引进国外技术和设备，培养人才，打开市场。日本工业机器人产业的辉煌得益于本国政府的鼓励政策，我国也已对工业机器人的发展予以了大力支持。

四、工业机器人的应用案例

1. 移动机器人（AGV）

移动机器人（AGV）是工业机器人的一种类型，它由计算机控制，具有移动、自动导航、多传感器控制、网络交互等功能，它可广泛应用于机械、电子、纺织、卷烟、医疗、食品、造纸等行业的柔性搬运、传输等领域，也用于自动化立体仓库、柔性加工系统、柔性装配系统（以AGV作为活动装配平台），同时可在车站、机场、邮局的物品分拣中作为运输工具。

国际物流技术发展的新趋势之一，是用现代物流技术配合、支撑、改造、提升传统生产线，实现点对点自动存取的高架箱储存、作业和搬运相结合，实现精细化、柔性化、信息化，缩短物流流程，降低物料损耗，减少占地面积，降低建设投资，等等。而移动机器人是其中的核心技术和设备。

2. 办公型机器人

办公型机器人（如图5-3所示）具有高精度、噪声小等特点。

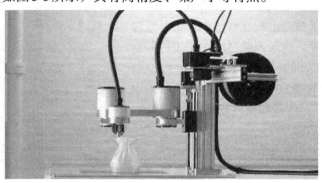

图5-3　FLX.ARM机器人

Flux Integration 的机器人 FLX.ARM 是针对个人和小企业在办公室、实验室或狭小的生产空间而研发的。低成本高精度的机器人手臂是专为轻型铣削、3D 打印和电子组装而设计的。发明者通过使用现成的驱动器以降低制造和组装的成本，并使用自动化制造和校准，它的价格不高于 2300 美元，并已在 Kichstarter 上成功完成众筹。首款模型 FLX.ARM.S16.ZX8 是基于闭环运动控制平台，集成了超高分辨率光学编码器作为反馈，绝对定位重复精度达 0.001in（0.0254mm），并具有碰撞检测。其模块化的工具架包括了一个由丝状驱动器驱动的集成金属 E3D 热端，一个拾取-放置工具架，一个轻型铣削工具架和一个探头。 机器人手臂在 X-Y 轴的动作范围为 16in（40.64cm），Z 轴为 8in（20.32cm），工作范围非常大。FLEX.IDE 手臂设计和制造软件具有一个独立于平台的客户端和高性能服务器处理的客户端-服务器体系结构。

3. 弧焊机器人

弧焊机器人（如图 5-4 所示）主要应用于各类汽车零部件的焊接生产。在该领域，国际大型工业机器人生产企业主要以向成套装备供应商提供单元产品为主。

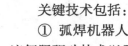

关键技术包括：

① 弧焊机器人系统优化集成技术：弧焊机器人采用交流伺服驱动技术以及高精度、高刚性的 RV 减速机和谐波减速器，具有良好的低速稳定性和高速动态响应，并可实现免维护功能；

② 协调控制技术：控制多机器人及变位机协调运动，既能保持焊枪和工件的相对姿态以满足焊接工艺的要求，又能避免焊枪和工件的碰撞；

图 5-4　弧焊机器人

③ 精确焊缝轨迹跟踪技术：结合激光传感器和视觉传感器离线工作方式的优点，采用激光传感器实现焊接过程中的焊缝跟踪，提升焊接机器人对复杂工件进行焊接的柔性和适应性，结合视觉传感器离线观察获得焊缝跟踪的残余偏差，基于偏差统计获得补偿数据并进行机器人运动轨迹的修正，在各种工况下都能获得最佳的焊接质量。

4. 激光加工机器人

激光加工机器人（如图 5-5 所示）是将机器人技术应用于激光加工中，通过高精度工业机器人实现更加柔性的激光加工作业。

本系统通过示教盒进行在线操作，也可通过离线方式进行编程。该系统通过对加工工件的自动检测，产生加工工件的模型，继而生成加工曲线，也可以利用 CAD 数据直接加工。可用于工件的激光表面处理、打孔、焊接和模具修复等。

关键技术包括：

① 激光加工机器人结构优化设计技术：采用大范围框架式本体结构，在增大作业范围的同时，保证机器人精度；

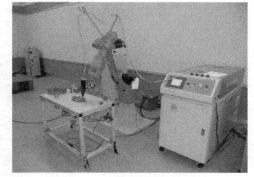

图 5-5　激光加工机器人

② 机器人系统的误差补偿技术：针对一体化加工机器人工作空间大、精度高等要求，并结合其结构特点，采取非模型方法与基于模型方法相结合的混合机器人补偿方法，完成几何参数误差和非几何参数误差的补偿；

③ 高精度机器人检测技术：将三坐标测量技术和机器人技术相结合，实现机器人高精度在线测量；

④ 激光加工机器人专用语言实现技术：根据激光加工及机器人作业特点，完成激光加工机器人专用语言；

⑤ 网络通信和离线编程技术：具有串口、CAN等网络通信功能，实现对机器人生产线的监控和管理，并实现上位机对机器人的离线编程控制。

5. 真空机器人

真空机器人（如图5-6所示）是一种在真空环境下工作的机器人，主要应用于半导体工业中，实现晶圆在真空腔室内的传输。

图5-6　真空机器人

真空机器人难进口、受限制、用量大、通用性强，其成为制约我国半导体装备整机的研发进度和整机产品竞争力的关键因素。直驱型真空机器人技术属于原始创新技术。

关键技术包括：

① 真空机器人新构型设计技术：通过结构分析和优化设计，避开国际专利，设计新构型满足真空机器人对刚度和伸缩比的要求；

② 大间隙真空直驱电机技术：涉及大间隙真空直接驱动电机和高洁净直接驱动电机，需开展电机理论分析、结构设计、制作工艺、电机材料表面处理、低速大转矩控制、小型多轴驱动器等方面研究；

③ 真空环境下的多轴精密轴系的设计：采用轴在轴中的设计方法，减少轴之间的不同心以及惯量不对称的问题；

④ 动态轨迹修正技术：通过传感器信息和机器人运动信息的融合，检测出晶圆与手指之间基准位置的偏移，通过动态修正运动轨迹，保证机器人准确地将晶圆从真空腔室中的一个工位传送到另一个工位；

⑤ 符合SEMI标准的真空机器人语言：根据真空机器人搬运要求、机器人作业特点及SEMI标准，完成真空机器人专用语言；

⑥ 可靠性系统工程技术：在IC制造中，设备故障会带来巨大的损失，根据半导体设

备对 MCBF 的高要求，对各个部件的可靠性进行测试、评价和控制，提高机器人各个部件的可靠性，从而保证机器人满足 IC 制造的高要求。

6. 洁净机器人

洁净机器人（如图 5-7 所示）是一种在洁净环境中使用的工业机器人。随着生产技术水平不断提高。其对生产环境的要求也日益苛刻。很多现代工业产品生产都要求在洁净环境中进行，洁净机器人是洁净环境下生产需要的关键设备。

图 5-7　洁净机器人

关键技术包括：

① 洁净润滑技术：通过采用负压抑尘结构和非挥发性润滑脂，实现对环境无颗粒污染，满足洁净要求；

② 高速平稳控制技术：通过轨迹优化和提高关节伺服性能，实现洁净搬运的平稳性；

③ 控制器的小型化技术：洁净室建造和运营成本高，可以通过控制器小型化技术减小洁净机器人的占用空间；

④ 晶圆检测技术：通过光学传感器，能够通过机器人的扫描，获得卡匣中晶圆有无缺片、倾斜等信息。

7. 机器人及输送线物流自动化系统

（1）简介　机器人及输送线物流自动化系统主要由如下几个部分组成（如图 5-8 所示）。

① 自动化输送线：将产品自动输送，并将产品工装板在各装配工位精确定位，装配完成后能使工装板自动循环；设有电机过载保护，驱动链与输送链直接啮合，传递平稳，运行可靠。

② 机器人系统：通过机器人在特定工位上准确、快速完成部件的装配，能使生产线达到较高的自动化程度；机器人可遵照一定的原则相互调整，满足工艺点的节拍要求；备有与上层管理系统通信的接口。

③ 自动化立体仓储供料系统：自动规划和调度装配原料，并将原料及时向装配生产线输送，同时能够实时对库存原料进行统计和监控。

④ 全线主控制系统：采用基于现场总线——Profibus DP 的控制系统，不仅有极高的实时性，更有极高的可靠性。

⑤ 条码数据采集系统：使各种产品制造信息具有规范、准确、实时、可追溯的特点，系统采用高档文件服务器和大容量存储设备，快速采集和管理现场的生产数据。

⑥ 产品自动化测试系统：测试最终产品性能指标，将不合格产品转入返修线。

⑦ 生产线监控/调度/管理系统：采用管理层、监控层和设备层三级网络对整个生产线进行综合监控、调度、管理，能够接受车间生产计划，自动分配任务，完成自动化生产。

（2）应用领域　机器人及输送线物流自动化系统可应用于建材、家电、电子、化纤、汽车、食品等行业。

图 5-8　机器人及输送线物流自动化系统　　　　图 5-9　机器人涂胶工作站

8. 机器人涂胶工作站

（1）简介　机器人涂胶工作站（如图5-9所示），主要包括机器人、供胶系统、涂胶工作台、工作站控制系统及其他周边配套设备。该工作站自动化程度高，适用于多品种、大批量生产，可广泛地应用于汽车风挡、汽车摩托车车灯、建材门窗、太阳能光伏电池涂胶等行业。

（2）车灯机器人涂胶工作站主要技术指标　车灯机器人涂胶工作站主要由机器人、胶机、涂胶工作台、控制柜等设备组成。

① 机器人　机器人主要有瑞典 ABB 公司、日本 FANUC 公司等的产品。机器人重复定位精度≤0.1mm、涂胶工作速度150~250mm/s。

机器人具有 6 个控制轴，可以灵活地生成任何空间轨迹，可以完成各种复杂布胶动作。加之其运动快速、平稳、重复精度高，可充分保证生产节拍需求，并保证胶条均匀，使产品质量稳定。

② 供胶系统　供胶系统主要有美国 Graco 公司、美国 Nordson 涂胶设备公司等的产品。

机器人涂胶工作站供胶系统有冷胶和热熔胶两种供胶方式。该供胶系统可以与机器人动作衔接，正确完成布胶及供胶动作。

③ 涂胶工作台　涂胶工作台结构方式主要包括：往复式双工位工作台、回转式双工位工作台、固定式双工位工作台、固定式单工位工作台。

④ 工作站控制柜　工作站控制柜的设计融入了多行业的技术经验和采用了世界先进的电气技术，其性能指标居国内领先水平。系统设计均采用成熟的技术，元器件采用高可靠性的知名品牌，并经过严格的进货检验，因此，工作站控制系统具有极高的可靠性。

控制柜主要功能包括：工件程序号显示及选择，工作台、机器人、输胶系统协调与互锁，工作台工作状态选择，故障报警、急停功能，计数功能。

（3）用户效益分析

① 自动化程度高，生产效率高，产量大。

② 运行可靠，涂胶精度高，产品质量稳定。

③ 节省人力，节省材料，降低生产成本。

④ 改善作业环境，符合环保要求。

⑤ 产量增加时，无需增加人力，只需增加机器人工作时间。

9. 机器人焊接工作站

（1）简介　随着电子技术、计算机技术、数控及机器人技术的发展，自动弧焊机器人

图5-10　机器人焊接工作站

工作站（如图5-10所示）从20世纪60年代开始用于生产以来，其技术已日益成熟，主要有以下优点：①稳定和提高焊接质量；②提高劳动生产率；③改善工人劳动强度，机器人可在有害环境下工作；④降低了对工人操作技术的要求；⑤缩短了产品改型换代的准备周期（只需修改软件和必要的夹具即可），减少相应的设备投资。因此，机器人焊接工作站在各行各业已得到了广泛的应用。该系统一般多采用熔化极气体保护焊（MIG、MAG、CO_2焊）或非熔化极气体保护焊（TIG、等离子弧焊）方法。设备一般包括：焊接电源、焊枪和送丝机构、焊接机器人系统及相应的焊接软件及其他辅助设备等。

（2）技术指标

工件尺寸：可按用户的工件大小设计。

工件重量：可按用户要求设计。

焊接速度：一般取5~50mm/s，根据焊缝大小来选定。

机器人重复定位精度：±0.05mm。

移动机构重复定位精度：±0.1mm。

变位机重复定位精度：±0.1mm。

机器人螺柱焊接：设备一般包括焊接电源、自动退钉机、自动焊枪、机器人系统、相应的焊接软件及其他辅助设备等。

焊接效率：5~8个/min。

螺钉规格：直径2~8mm。

长度：10~40mm。

（3）应用领域　自动机器人焊接工作站可广泛地应用于铁路、航空航天、军工、冶金、汽车、电气等各个行业。

（4）用户效益分析　采用机器人进行焊接作业可以极大地提高生产效益和经济效率；另一方面，机器人的移位速度快，可达3m/s，甚至更快。因此，一般而言，采用机器人焊接比用人工焊接效率可提高2~4倍，焊接质量优良且稳定。

10. 自动装箱、码垛工作站

（1）简介　机器人自动装箱、码垛工作站（如图5-11所示）是一种集成化的系统，它包括工业机器人、控制器、编程器、机器人手爪、自动拆/叠盘机、托盘输送及定位设备和码垛模式软件等。它还配置自动称重、贴标签和检测及通信系统，并与生产控制系统相连接，以形成一个完整的集成化包装生产线。

图5-11　机器人自动装箱、码垛工作站

① 生产线末端码垛的简单工作站：这是一种柔性码垛系统，它从输送线上下料，并完成工件码垛、加层垫等工序，然后用输送线将码好的托盘送走。

② 码垛/拆垛工作站：这种柔性码垛系统可将三垛不同货物码成一垛，机器人还可抓取托盘和层垫，一垛码满后由输送线自动输出。

③ 生产线中码垛：工件在输送线定位点被抓取并放到两个不同托盘上，层垫也由机器人抓取。托盘和满垛通过线体自动输出或输入。

④ 生产线末端码垛的复杂工作站：工件来自三条不同线体，它们被抓取并放到三个不同托盘上，层垫也由机器人抓取。托盘和满垛由线体自动输出或输入。

（2）技术指标

工件：箱体、板材、袋料、罐/纸类包装。

工件尺寸：可按用户的工件大小设计。

工件重量：可按用户要求设计。

工件移动范围：可按用户要求设计。

机器人自由度数：6个。

机器人重复精度：±0.1mm。

（3）应用领域　机器人自动装箱、码垛工作站可应用于建材、家电、电子、化纤、汽车、食品等行业。

（4）用户效益分析　由于机器人自动装箱、码垛工作站在产品的装箱、码垛等工序实现了自动化作业，并且具有安全检测、联锁控制、故障自诊断、示教再现、顺序控制、自动判断等功能，从而大大地提高了生产效率和工作质量，节省了人力，建立了现代化的生产环境。

11. 转轴自动焊接工作站

（1）简介　转轴自动焊接工作站（如图5-12所示）用于以转轴为基体（上置若干悬臂）的各

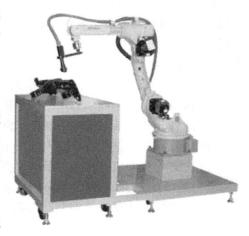

图5-12　转轴自动焊接工作站

类工件的焊接，它由焊接机器人、回转双工位变位机（若干个工位）及工装夹具组成，在同一工作站内通过使用不同的夹具可实现多品种的转轴自动焊接，焊接的相对位置精度很高。由于采用双工位变位机，焊接的同时，其他工位可拆装工件，极大地提高了效率。

（2）技术指标　转轴直径ϕ10~50mm，长度300~900mm，焊接速度3~15mm/s，焊接工艺采用MAG混合气体保护焊，变位机回转，变位精度达±0.05mm。

（3）应用领域　可广泛应用于高质量、高精度的以转轴为基体的各类工件焊接，适用于电力、电气、机械、汽车等行业。

（4）效益分析　采用手工电弧焊进行转轴焊接时，工人劳动强度极大，产品的一致性差，生产效率低，仅为2~3件/h。采用转轴自动焊接工作站后，产量可达到15~20件/h，焊接质量和产品的一致性也大幅度提高。

五、机械手介绍

机械手（mechanical hand），也称自动手（auto hand），能模仿人手和臂的某些运动功能，用以按固定程序抓取、搬运物件或操作工具的自动操作装置。在工业生产中应用的机械手被称为工业机械手。生产中应用机械手，可以提高生产的自动化水平和劳动生产率；可以减轻劳动强度，保证产品质量，实现安全生产；尤其在高温、高压、低温、低压、粉尘、易燃、易爆、有毒气体和放射性等恶劣的环境中，以及笨重、单调、频繁的操作中，它代替人进行正常的工作，意义更为重大。因此，在机械加工、冲压、铸、锻、焊接、热处理、电镀、喷漆、装配以及轻工业、交通运输业等方面得到越来越广泛的应用。

1. 机械手的发展历史

机械手首先是从美国开始研制的。1985年美国联合控制公司研制出第一台机械手。机械手的结构形式开始比较简单，专用性较强，仅为某台机床的上下料装置，是附属于该机床的专用机械手。随着工业技术的发展，制成了能够独立地按程序控制实现重复操作，适用范围比较广的程序控制通用机械手，简称通用机械手。机械手是最早出现的工业机器人，也是最早出现的现代机器人。

① 1954年美国工程师戴尔沃最早提出机器人的概念。

② 1959年戴尔沃与英格伯制造了世界上第一台机器人。

③ 1962年美国正式将机器人的使用性提出来，且制造出类似人的手臂。

④ 1967年日本成立了人工手研究会，并召开了首届机械手学术会。

⑤ 1970年在美国召开了第一届工业机器人学术会，并得到迅速普及。

⑥ 1973年辛辛那提公司制造出第一台小型计算机控制的工业机器人，当时是液压驱动，能载重达45kg。

⑦ 1980年在日本得到普及，并定为"机器人元年"，此后日本的机器人得到前所未

有的发展与提升。

⑧ 1990年起，机械手技术开始在我国得到应用和发展。

第一代机械手主要依靠人工进行控制，改进的方向主要是降低成本和提高精度。第二代机械手设有微型电子计算控制系统，具有视觉、触觉能力，甚至听、想的能力。研究安装各种传感器，把感觉到的信息反馈，使机械手具有感觉机能。第三代机械手则能独立完成工作过程中的任务。它与电子计算机和电视设备保持联系，并逐步发展成为柔性制造系统FMS和柔性制造单元FMC中的重要环节。

2. 机械手分类

机械手的种类很多，可按使用范围、驱动方式和控制系统等进行分类。

（1）按用途分　机械手可分为专用机械手和通用机械手两种。

① 专用机械手。它是附属于主机的、具有固定程序而无独立控制系统的机械装置。专用机械手具有动作少、工作对象单一、结构简单、使用可靠和造价低等特点，适用于大批量的自动化生产的自动换刀机械手，如自动机床、自动线的上下料机械手。

② 通用机械手。它是一种具有独立控制系统的、程序可变的、动作灵活多样的机械手。在其性能范围内，其动作程序是可变的，通过调整可在不同场合使用，驱动系统和控制系统是独立的。通用机械手的工作范围大、定位精度高、通用性强，适用于不断变换生产品种的中小批量自动化生产。通用机械手按其控制定位的方式不同可分为简易型和伺服型两种：简易型以"开-关"式控制定位，只能是点位控制；伺服型具有伺服系统定位控制系统，一般的伺服型通用机械手属于数控类型。

（2）按驱动方式分

① 液压传动机械手。是以液压的压力来驱动执行机构运动的机械手。其主要特点是：抓重可达几百公斤以上、传动平稳、结构紧凑、动作灵敏。但对密封装置要求严格，不然油的泄漏对机械手的工作性能有很大的影响，且不宜在高温、低温下工作。若机械手采用电液伺服驱动系统，可实现连续轨迹控制，使机械手的通用性扩大，但是电液伺服阀的制造精度高，油液过滤要求严格，成本高。

② 气压传动机械手。是以压缩空气的压力来驱动执行机构运动的机械手。其主要特点是：介质来源极为方便，输出力小，气动动作迅速，结构简单，成本低。但是，由于空气具有可压缩的特性，工作速度的稳定性较差，冲击大，而且气源压力较低，抓重一般在30公斤以下，在同样抓重条件下它比液压机械手的结构大，所以适合在高速、轻载、高温和粉尘大的环境中进行工作。

③ 机械传动机械手。即有机械传动机构（如凸轮、连杆、齿轮和齿条、间歇机构等）驱动的机械手。它是一种附属于工作主机的专用机械手，其动力是由工作机械传递的。它的主要特点是运动准确可靠，用于工作主机的上下料。动作频率大，但结构较大，动作程序不可变。

④ 电力传动机械手。即由具有特殊结构的感应电动机、直线电机或功率步进电机直接驱动执行机构运动的机械手，因为不需要中间的转换机构，故机械结构简单。其中直线电机机械手的运动速度快、行程长，维护和使用方便。

（3）按控制方式分

① 点位控制。它的运动为空间点到点之间的移动，只能控制运动过程中几个点的位

置，不能控制其运动轨迹。若欲控制的点数多，则必然增加电气控制系统的复杂性。目前使用的专用和通用工业机械手均属于此类。

② 连续轨迹控制。它的运动轨迹为空间的任意连续曲线，其特点是设定点为无限的，整个移动过程处于控制之下，可以实现平稳和准确的运动，并且使用范围广，但电气控制系统复杂。这类工业机械手一般采用小型计算机进行控制。

六、机械手构成

机械手一般由执行机构、驱动系统、控制系统及位置检测装置组成，各系统相互之间的关系如图5-13所示。智能机械手还具有感觉系统和智能系统。手部是用来抓取工件

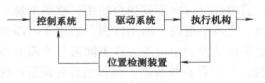

图5-13　机械手组成方框图

（或工具）的部件，根据被抓持物件的形状、尺寸、重量、材料和作业要求而有多种形式，如夹持型、托持型和吸附型等。运动机构，使手部完成各种转动（摆动）、移动或复合运动来实现规定的动作，改变被抓持物件的位置和姿势。运动机构的升降、伸缩、旋转等独立运动方式，称为机械手的自由度。为了抓取空间中任意位置和方位的物体，需有6个自由度。自由度是机械手设计的关键参数。自由度越多，机械手的灵活性越大，通用性越广，其结构也越复杂。一般专用机械手有2~3个自由度。

1. 执行机构

执行机构包括手部、手腕、手臂和立柱等部件，有的还增设行走机构，如图5-14所示。

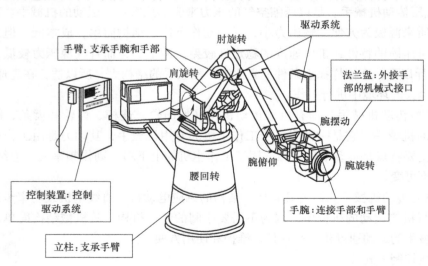

图5-14　机械手结构示意图

（1）手部　即与物件接触的部件。由于与物件接触的形式不同，可分为夹持式和吸附式。夹持式手部由手指（或手爪）和传力机构构成。手指是与物件直接接触的构件，常用的手指运动形式有回转型和平移型。回转型手指结构简单，制造容易，故应用较广泛。平移型应用较少，其原因是结构比较复杂，但平移型手指夹持圆形零件时，工件直径变化不影响其轴心的位置，因此适宜夹持直径变化范围大的工件。手指结构取决于被抓取物件的表面形状、被抓部位（是外廓或是内孔）和物件的重量及尺寸。常用的指形有平面的、V形面的和曲面的，手指有外夹式和内撑式，指数有双指式、多指式和双手双指式等。而传力机构则通过手指产生夹紧力来完成夹放物件的任务。传力机构形式较多，常用的有：滑槽杠杆式、连杆杠杆式、斜面杠杆式、齿轮齿条式、丝杠螺母弹簧式和重力式等。机械手通常可实现的基本运动包括伸缩、回转、摆动、升降夹紧和松开等。某机械手手部结构如图5-15所示。

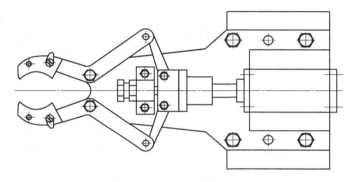

图5-15　某机械手手部结构

（2）手腕　是连接手部和手臂的部件，并可用来调整被抓取物件的方位（即姿势）。

（3）手臂　手臂是支承被抓物件、手部、手腕的重要部件。手臂的作用是带动手指去抓取物件，并按预定要求将其搬运到指定的位置。工业机械手的手臂通常由驱动手臂运动的部件（如油缸、气缸、齿轮齿条机构、连杆机构、螺旋机构和凸轮机构等）与驱动源（如液压、气压或电机等）相配合，以实现手臂的各种运动。

（4）立柱　立柱是支承手臂的部件，立柱也可以是手臂的一部分，手臂的回转运动和升降（或俯仰）运动均与立柱有密切的联系。机械手的立柱因工作需要，有时也可作横向移动，即称为可移式立柱。

（5）行走机构　当工业机械手需要完成较远距离的操作，或扩大使用范围时，可在机座上安装滚轮、轨道等行走机构，以实现工业机械手的整机运动。滚轮式分为有轨的和无轨的两种。驱动滚轮运动则应另外增设机械传动装置。

（6）机座　机座是机械手的基础部分，机械手执行机构的各部件和驱动系统均安装于机座上，故起支撑和连接的作用。

2. 驱动系统

驱动系统是由驱动工业机械手执行机构运动的动力装置、调节装置和辅助装置组成。常用的驱动系统有液压传动、气压传动、机械传动。

3. 控制系统

控制系统是支配着工业机械手按规定的要求运动的系统。目前工业机械手的控制系统一般由程序控制系统和电气定位（或机械挡块定位）系统组成。控制系统有电气控制和射流控制两种，它支配着机械手按规定的程序运动，并记忆人们给予机械手的指令信息（如动作顺序、运动轨迹、运动速度及时间），同时按其控制系统的信息对执行机构发出指令，必要时可对机械手的动作进行监视，当动作有错误或发生故障时即发出报警信号。

4. 位置检测装置

控制机械手执行机构的运动位置，并随时将执行机构的实际位置反馈给控制系统，并与设定的位置进行比较，然后通过控制系统进行调整，从而使执行机构以一定的精度达到设定位置。

七、机械手的应用现状

1. 应用领域及意义

近几十年来，机械手在各种自动化生产线上得到广泛应用。工业机械手是工业机器人的一个重要分支。它的特点是可通过编程来完成各种预期的作业任务，在构造和性能上兼有人和机器各自的优点，尤其体现了人的智能和适应性。机械手作业的准确性和在各种环境中完成作业的能力，在国民经济各领域有着广阔的发展前景。

在现代生产过程中，机械手被广泛地运用于自动生产线中，自动装配、贴标签、图像系统检查、超声波检查、电子测试、传感/测量、光学/激光、计量、循环测试、分类、取样、数据采集和处理、托盘搬运、提升机、堆码机、托盘码垛机、装卸、检索工作台、储取系统、铆接、切割、钻孔、焊接、模锻、成形缠绕、折弯、装配、螺旋驱动、分配、粘接、密封、挤压灌装、原料供给、软焊焊接、油漆、喷洒、喷砂、研磨、仿真、包装、条形码读卡、挤压、牵引、冲模结合等，都可以采用机械手。机器人的研制和生产已成为高技术领域内迅速发展起来的一门新兴的技术，它更加促进了机械手的发展，使得机械手能更好地实现与机械化和自动化的有机结合。

目前，机械手已发展成为柔性制造系统FMS和柔性制造单元FMC中一个重要组成部分。把机床设备和机械手共同构成一个柔性加工系统或柔性制造单元，它适用于中、小批量生产，可以节省庞大的工件输送装置，结构紧凑，而且适应性很强。当工件变更时，柔性生产系统很容易改变，有利于企业不断更新适销对路的品种，提高产品质量，更好地适应市场竞争的需要。而目前我国的工业机器人技术及其工程应用的水平和国外比还有一定的距离，应用规模和产业化水平较低，机械手的研究和开发直接影响到我国自动化生产水平的提高，从经济上、技术上考虑都十分必要。

机械手虽然目前还不如人手那样灵活，但它具有能不断重复工作和劳动、不知疲劳、不怕危险、抓举重物的力量比人手大等特点，因此，机械手已受到许多部门的重视，并越来越广泛地得到了应用。机械手的推广意义在于：

① 可以提高生产过程中的自动化程度。

应用机械手有利于实现材料的传送、工件的装卸、刀具的更换以及机器的装配等的自动化的程度，从而可以提高劳动生产率和降低生产成本。电气可编程控制技术使整个系统自动化程度更高，控制方式更灵活，性能更加可靠。

气动机械手、柔性自动生产线迅速发展；微电子技术的引入，促进了电气比例伺服技术的发展；现代控制理论的发展，使控制精度不断提高；抗污染能力越来越强和成本越来越低廉。

② 可以改善劳动条件，避免人身事故。

在高温、高压、低温、低压、有灰尘、噪声、臭味、有放射性或有其他毒性污染以及工作空间狭窄的场合中，用人手直接操作是有危险或根本不可能的，而应用机械手即可部分或全部代替人安全地完成作业，使劳动条件得以改善。

在一些简单、重复，特别是较笨重的操作中，以机械手代替人进行工作，可以避免由于操作疲劳或疏忽而造成的人身事故。

③ 可以减轻人力，并便于有节奏地生产。

应用机械手代替人进行工作，这是直接减少人力的一个侧面，同时由于应用机械手可以连续地工作，这是减少人力的另一个侧面。因此，在自动化机床的综合加工自动线上，目前几乎都使用机械手，以减少人力和更准确地控制生产的节拍，便于有节奏地进行工作生产。

2. 发展方向

（1）重复高精度　精度是指机器人或机械手到达指定点的精确程度，它与驱动器的分辨率以及反馈装置有关。重复精度是指如果动作重复多次，机械手到达同样位置的精确程度。重复精度比精度更重要，如果一个机器人定位不够精确，通常会显示一个固定的误差，这个误差是可以预测的，因此可以通过编程予以校正。重复精度限定的是一个随机误差的范围，它通过一定次数地重复运行机器人来测定。随着微电子技术和现代控制技术的发展，以及气动伺服技术走出实验室和气动伺服定位系统的成套化，气动机械手的重复精度将越来越高，它的应用领域也将更广阔，如核工业和军事工业等。

（2）易于模块化　有的公司把带有系列导向驱动装置的气动机械手称为简单的传输技术，而把模块化拼装的气动机械手称为现代传输技术。模块化拼装的气动机械手比组合导向驱动装置更具灵活的安装体系。它集成电接口和带电缆及气管的导向系统装置，使机械手运动自如。由于模块化气动机械手的驱动部件采用了特殊设计的滚珠轴承，使它具有高刚性、高强度及精确的导向精度。优良的定位精度也是新一代气动机械手的一个重要特点。模块化气动机械手使同一机械手可能由于应用不同的模块而具有不同的功能，扩大了机械手的应用范围，是气动机械手的一个重要的发展方向。

智能阀岛的出现对提高模块化气动机械手和气动机器人的性能起到了十分重要的支持作用。因为智能阀岛本来就是模块化的设备，特别是紧凑型CP阀岛，它对分散上的集中控制起了十分重要的作用。

（3）无给油化（节能化）　为了适应食品、医药、生物工程、电子、纺织、精密仪器等行业的无污染要求，不加润滑脂的不供油润滑元件已经问世。随着材料技术的进步，新型材料（如烧结金属石墨材料）的出现，构造特殊、用自润滑材料制造的无润滑元件，不仅节省润滑油、不污染环境，而且系统简单、摩擦性能稳定、成本低、寿命长。

（4）机电气一体化　由"可编程序控制器-传感器-气动元件"组成的典型的控制系统仍然是自动化技术的重要方面；发展与电子技术相结合的自适应控制气动元件，使气动技术从"开关控制"进入到高精度的"反馈控制"；省配线的复合集成系统，不仅减少配线、配管和元件，而且拆装简单，大大提高了系统的可靠性。

而今，电磁阀的线圈功率越来越小，而PLC的输出功率在增大，由PLC直接控制线圈变得越来越可能。气动机械手、气动控制越来越离不开PLC，而阀岛技术的发展，又使PLC在气动机械手、气动控制中变得更加得心应手。

机器人系统在不断发展，并渐渐渗透进了人类的诸多生活领域内，从制造业、医学和远程探测技术到娱乐、安全与私人助理等不一而足。日本的机器人开发人员目前正在制造一种帮助老年人生活的机器人，美国宇航局则开发出了新一代的太空探测器，艺术家们也在利用机器人探索新的艺术之道。

（5）深度学习的应用　伴随着智能制造时代的来临，以视觉技术引导的装配机械手无论在理论研究还是实际生产中都越来越受到重视。目前，视觉机械手往往通过几何形状匹配、特征分析以及模式学习等传统图像检测技术实现对目标零件的识别与定位，然而以上方法只适合于零件轮廓简单或者特征便于提取的场合，在面对多种零件随意摆放和环境因素干扰的复杂情况下，基于人工设计特征的传统目标检测算法有很大的局限性，经常面临识别准确率低、检测速度慢和定位误差大等问题。为了实现视觉机械手对复杂情况下零件的准确识别与定位，结合深度学习具有强大的表征和建模能力的优点，将深度学习技术应用到机械手的视觉系统中以提升装配机械手应用的鲁棒性。通过工业相机采集零件的图像，运用训练好的深度神经网络模型对图像进行检测，以此获得目标零件的类别信息和位置信息，并通过相机标定和手眼标定获得零件在机械手基坐标系下坐标，具体工作内容如下：①通过对比各个主流深度学习目标检测算法的特点，选择在实时性和检测精度两方面性能都表现优异的Yolo v3算法。同时，针对部分工件尺寸偏小，在多重卷积核作用下容易出现特征丢失以及应用场景变化的情况，对Yolo v3中的Darknet-53特征提取网络进行优化改进。②采集足够多张实际复杂情况下的零件图像，通过标注工具完成数据集的制作。使用基于粒子群优化的k-means聚类算法对数据集中的矩形标记框进行统计分析，得到训练所需的最优先验框个数和尺寸。③基于张正友标定算法完成综合多畸变因素下相机标定，求解出摄像机内参数和畸变系数。根据相机与机械手安装方式进行手眼标定，获取相机坐标系与基坐标系的变换关系。通过两个标定结果获得零件坐标系到机械手基坐标系的映射关系。最后，对装配机械手零件定位系统的硬件进行介绍并根据前文的工作成果对软件系统进行设计。

综上所述，结合当下最新先进技术有效地应用机械手，是发展机械工业的必然趋势。

3. 机械手设计和组装

（1）机械手设计的主要参数

抓取重量（臂力）：指机械手所能抓取或搬运物件的最大重量。

运动速度：是反映机械手生产水平，影响机械手的运动周期和工作效率的参数。

行程范围：对使用性能有较大的影响。

定位精度：是衡量机械手工作质量的重要指标。

手部是机械手直接抓取和握紧物件或夹持专用工具执行作业任务的部件。设计手部时，除满足抓取要求外，还应满足以下几点要求：

① 手指握力的大小适宜；

② 应保证工件能顺利进入或脱开手指；

③ 应具有足够的强度和刚度，且自身重量轻；

④ 动作迅速、灵活、准确，通用机械手在更换手部时方便。

为实现机器人的末端执行器在空间的位置而提供的3个自由度，可以有不同的运动组合，通常可以将其设计成如下四种坐标形式（如图5-16所示）。

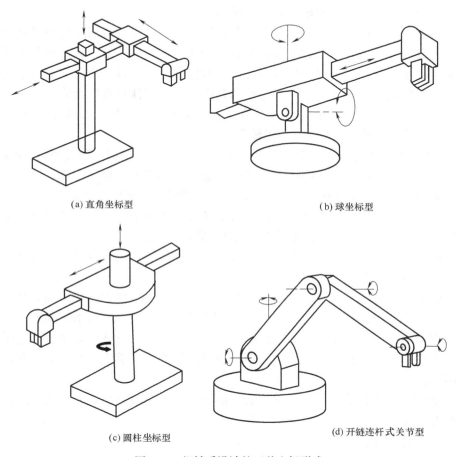

(a) 直角坐标型　　　　　　　　　　　　(b) 球坐标型

(c) 圆柱坐标型　　　　　　　　　　(d) 开链连杆式关节型

图5-16　机械手设计的四种坐标形式

① 直角坐标型（PPP）。由3个相互垂直的移动自由度组合而成，即机器人手臂的运动是沿着直角坐标的X、Y、Z 3个轴方向的直线运动组成。其臂部只做伸缩、平移和升降运动，在空间的运动范围一般是一个长方体，它在各个轴向的移动距离可在坐标轴上直接读出，直观性强，易于位置和姿态的编程计算，定位精度高，结构简单，但机体所占空间大，灵活性较差。如图5-16（a）所示。直角坐标机械手主要用于装配作业及搬运作业，直角坐标机械手有悬臂式、龙门式、天车式三种结构。

② 球坐标型（RRP）。又称极坐标型，由一个移动自由度和两个转动自由度组成。即

机器人手臂的运动是通过绕过极坐标系的中心轴Z的左右旋转和绕着与Z轴垂直的水平轴Y的上下摆动，以及沿着X轴的伸缩合成的，它在空间的运动范围一般是一个完全的中空的扇形圆环体。具有结构紧凑、工作范围大的特点，但是结构比较复杂。如图5-16（b）所示。主要应用于搬运作业。其工作空间是一个类球形的空间。

③ 圆柱坐标型（PRP）。由两个移动自由度和一个转动自由度组成。即机器人手臂的运动是通过沿着圆柱坐标贴心系的中心轴Z的上下方向的升降移动和以Z轴为中心的左右旋转内，以沿与Z轴垂直的X轴方向的伸缩合成的。由于结构上的限制，其工作空间是一个圆柱状的空间。与直角坐标型比较，在相同的空间条件下，机体所占体积小，而运动范围大，常用于搬运作业。如图5-16（c）所示。

④ 开链连杆式关节型（RRR）。由三个旋转自由度组成。机器人的手臂运动类似人的手臂，臂部可分为大臂、小臂，大臂与机座的连接称为肩关节，大、小臂之间的连接称为肘关节。手臂运动由大臂绕肩关节的旋转和俯仰运动，以及小臂绕肘关节的摆动合成，它在空间的运动范围一般是一个中空的几个不完全球体相贯所组成，其工作空间比较大。如图5-16（d）所示。此种机械手在工业中应用十分广泛，如焊接、喷漆、搬运、装配等作业，都广泛采用这种类型的机械手。

（2）驱动系统方案选择 一般情况下，机器人驱动系统的选择大致按照如下原则进行。

① 物料搬运用有限点位控制的程序控制机器人，重负载用液压驱动，中等载荷可选用电动驱动系统，轻载荷可选用气动驱动系统。冲压机器人多用气动驱动系统。

② 用于点焊和弧焊及喷涂作业的机械手，要求具有任意点位和轨迹控制功能，需采用伺服驱动系统、液压驱动或电动驱动系统方能满足要求。

按照动力源分为液压、气压和电动三大类，根据需要，也可以将这三种基本类型组合成复合式的驱动系统。

液压驱动——液压技术比较成熟，具有动力大、力惯量比大、快速响应高、易于实现直接驱动等特点，适用于承载能力大、惯量大以及在防爆环境中工作的机械手。

气压驱动——具有速度快、系统结构简单、维修方便、价格低等特点，适用于中小负载的系统中。难以实现伺服控制，多用于程序控制的机械手中，在上下料和冲压机械手中应用较多。

电动驱动——随着低惯量、直流伺服电机及配套的伺服驱动器的广泛采用，这种驱动系统被大量选用。

目前广泛采用的驱动系统的比较如表5-1。

表5-1　主要驱动方式优缺点比较

特性	输出功率和使用范围	控制性能和安全性	结构性能	安装和维护要求	效率和制造成本
气压驱动	气压较低,输出功率小,当输出功率增大时,结构尺寸将过大,只适用于小型、快速驱动	压缩性大,对速度、位置精确控制困难。阻尼效果差。低速不易控制,排气有噪声	结构体积较大,结构易于标准化。易实现直接驱动,密封问题不突出	安装要求不高,能在恶劣环境下工作,维护方便	效率低(为0.15~0.2),气源方便,结构简单,成本低

特性	输出功率和使用范围	控制性能和安全性	结构性能	安装和维护要求	效率和制造成本
液压驱动	油压高,可获得较大的输出功率,适用于重型、低速驱动器	液体不可压缩,压力、流量易控制,反应灵敏,可无级调速,能实现速度、位置的精确控制,传动平稳,泄漏会对环境产生污染	结构较气动要小,易于标准化,易实现直接驱动,密封问题显得重要	安装要求高(防泄漏),要配置液压设备,安装面积大,维护要求较高	效率中等(为0.3~0.6),管路结构较复杂,成本高
交直流普通电动机	适用于抓取重量较大而速度低的中、重型机器人的驱动,输出力较大	控制性能差,惯性大,不易精确定位,对环境无影响	电动机驱动已实现标准化,需减速装置,传动体积较大	安装、维修方便	成本低,效率为0.5左右
步进、伺服电动机	步进电动机输出力较小,伺服电动机可大一些,适用于运动控制要求严格的中、小型机器人	控制性能好,控制灵活性强,可实现速度、位置的精确控制,对环境无影响	体积小,需减速装置	维修、使用较复杂	成本较高,效率为0.5左右

综合考虑以上驱动系统的优缺点以及工作要求,选择适合的驱动系统作为驱动方式。

4. 基于单片机的机械手设计案例

本设计以AT89S52单片机为核心,采用LMD18200电机控制芯片达到控制直流电机的启停、速度和方向,完成了筛选机械手基本要求和发挥部分的要求。在筛选机械手设计中,采用了PWM技术对电机进行控制,通过对占空比的计算达到精确调速的目的。

(1)总体方案设计

① 设计要求。生产线上有红黑两种直径为2cm、厚1cm的圆铁片,设计一种机械手,该手能自动筛选出红色铁片,并把红色铁片放到指定位置。机械手有上行/下行、左行/右行、放松/夹紧几个运行方式。并要求机械手有判别铁片颜色的功能,且能准确把握铁片位置、重量、形状等因素。该手运行路径合理,接近指定位置时能够减速运行。整个过程无人工操作,系统通过传感装置检测工件,工作结束后能自动停止。

② 基本设计思路。总体设计框图如图5-17所示。

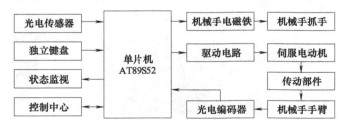

图5-17　总体设计框图

CPU部分有两种选择:单片机控制和PLC控制。本例采用AT89S52型单片机。

③ 传动机构。传动机构种类繁多,常见的有齿轮传动、齿条传动、丝杆传动、链条传动。由于一般的电动机驱动系统输出的力矩较小,需要通过传动机构来增加力矩,提

高带负载能力。对机械手的传动机构的一般要求有：

a. 结构紧凑，即具有相同的传动功率和传动比时体积最小，重量最轻；

b. 传动刚度大，即由驱动器的输出轴到连杆关节的转轴在相同的转矩时角度变形要小，这样可以提高整机的固有频率，并大大减轻整机的低频振动；

c. 回差要小，即由正转到反转时空行程要小，这样可以得到较高的位置控制精度；

d. 寿命长、价格低。

本设计要求传动方式为电动机的转动带动机械手臂的上下、左右移动，即圆周运动转换为直线运动，首先排除了带传动。与此同时，由于设计精度要求较高，所以链条传动也不作考虑。剩下丝杆传动和齿轮传动，从零件的加工方面考虑，最终确定了加工较为简单的齿轮传动。

④ 机械手坐标形式的选择。由于本设计中精度要求较高，首先排除了极坐标式和关节坐标式，而且它们还存在平衡问题，直角坐标式灵活性差，不利于提高工作效率。因此为了使其工作方式更加简单直观，机械手坐标类型选择为圆柱坐标机械手。

⑤ 抓取机构的选择。目前工业上较常采用的抓取机构为手爪。但是本次设计要求的工件为直径2cm、厚1cm的圆形铁片，抓取精度要求高，操作难度较大。考虑到材质，因此选择了电磁阀作为抓取机构。通过电磁阀的通断来控制工件的抓取和放下，操作方便。

⑥ 驱动方式的选择。在选择驱动方式阶段，首先考虑的是液压、气压驱动，但方案存在一定缺陷。其中，液压装置体积太过庞大，需要专门配置一套液压系统，且对密封性要求高，不宜在高温、低温下工作。而气压驱动由于空气的可压缩性导致工作速度、稳定性较差，且有一定噪声。电动机驱动相对较为简单，由于步进电动机有步距角误差，机械手在齿轮传动和摆动时会进一步放大该误差，因此选择伺服电动机驱动。

（2）机械结构设计

① 机械手尺寸的确定。由于本次设计对工作场地要求并没有明确的限制，因此机械手的尺寸也就没有明确的规定，为了设计方便，机械手大臂有效距离长为280mm，小臂有效距离长为170mm，机械手3D图如图5-18所示。

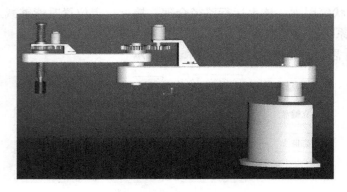

图5-18　机械手3D图

② 机械传动部分设计。

a. 机械手是由三台伺服电动机驱动。电动机M1控制大臂在Z轴的旋转摆动，电动机M2控制小臂在Z轴的旋转摆动，电动机C控制末端执行器在Z轴的上下移动。为了设计方便，控制方式采用点位控制。通过分别控制三台电动机的正反转来确定末端执行器在空间上的具体位置。由于三台电机不是同时控制，因此不存在相互间的干扰，从而增强了整个系统的稳定性。

b. 具体传动环节。基座部分装有伺服电动机M1，通过齿轮传动控制大臂旋转，基座与大臂底座用轴承连接；大臂座装有伺服电动机M2，通过齿轮传动控制小臂的旋转摆动；末端执行器部分装有伺服电动机M3，同样通过齿轮、丝杆传动控制末端执行器的上下移动。

c. 伺服电机。一个伺服电动机内部包括了一个小型直流电动机、一组变速齿轮组、一个反馈可调电位器及一块电子控制板。其中，高速转动的直流电动机提供了原始动力，带动变速（减速）齿轮组，使之产生高扭力的输出，齿轮组的变速比愈大，伺服电动机的输出扭力也愈大，也就是说越能承受更大的重量，但转动的速度也愈低。如图5-19所示。

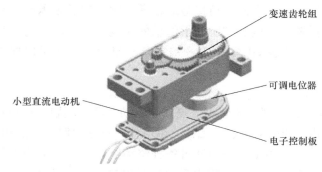

图5-19 伺服电动机图

d. 微型伺服电动机的工作原理。

一个微型伺服电动机是一个典型闭环反馈系统，其原理可由图5-20表示。

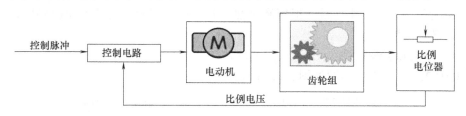

图5-20 伺服电动机原理图

减速齿轮组由电动机驱动，其终端（输出端）带动一个线性的比例电位器作位置检测，该电位器把转角坐标转换为比例电压反馈给控制线路板，控制线路板将其与输入的控制脉冲信号比较，产生纠正脉冲，并驱动电动机正向或反向地转动，使齿轮组的输出位置与期望值相符，令纠正脉冲趋于0，从而达到使伺服电动机精确定位的目的。

e. 伺服电动机的控制。标准的微型伺服电动机有三条控制线，分别为电源线、地线及控制线路。电源线与地线用于提供内部的直流电动机及控制线路所需的能源，电压通常介于4~6V之间，该电源应尽可能与处理系统的电源隔离（因为伺服电动机会产生噪声）。甚至小伺服电动机在重负载时也会拉低放大器的电压，所以整个系统的电源供应的比例必须合理。

f. 增量式编码器。编码器把角位移或直线位移转换成电信号。增量式编码器转轴旋转时，有相应的脉冲输出，其计数起点任意设定，可实现多圈无限累加和测量。编码器轴转一圈会输出固定的脉冲，脉冲数由编码器光栅的线数决定。需要提高分辨率时，可利用90°相位差的A、B两路信号进行倍频或更换高分辨率编码器。

g. 丝杆及螺母副。主要确定丝杆的外径d及长度，选择螺纹的类型、牙型角β，计算出螺纹中径d_2、螺纹升角ϕ，定出螺距P，求出螺纹导程S。具体设计参见机械设计手册。

h. 滚动轴承。滚动轴承的类型、尺寸和公差等级均已制定有国家标准，在机械设计中只需根据工作条件选择合适的轴承类型、尺寸和公差等级，并进行轴承的组合结构设计。

按滚动轴承承受载荷的作用方向，常用轴承可分为三类，即径向接触轴承、向心角接触球轴承和轴向接触轴承。

在机械手的设计中，通常使用角接触球轴承、圆锥滚子轴承或深沟球轴承和推力球轴承的组合件。选择轴承要根据它所支承的轴的粗度（一般轴径的设计要先根据计算的强度确定基本尺寸，再根据GB/T 2822—81选取标准尺寸，也可以根据标准件如轴承等决定）确定。

（3）电控硬件设计

① 电动机驱动。驱动部分要解决"隔离和驱动"两个问题。用单片机控制各种各样的高压、大电流负载，如电动机、电磁铁、继电器、灯泡等时，不能用单片机的I/O线来直接驱动，因其驱动能力不足。必须通过各种驱动电路的开关电路来提高驱动能力。因此选用LMD18200作为驱动芯片，它由CMOS控制电路和DMOS功率器件两部分组成，可直接驱动直流电机。

a. LMD18200的主要特性。

峰值输出电流6A，连续输出电流3A；工作电压55V；兼容TTL/CMOS电平输入；无"shoot-through"电流；具有温度报警和过热与短路保护功能；芯片结温145℃，结温在170℃时，芯片关断。

b. 内部结构和引脚说明。

LMD18200内部电路框图如图5-21所示。

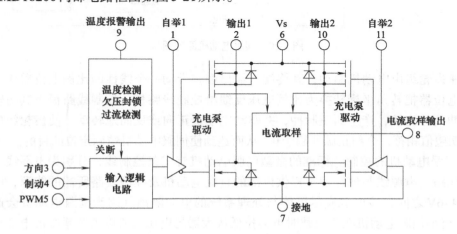

图5-21　LMD18200内部电路框图

内部集成了四个DMOS管，组成一个标准的H型驱动桥。通过充电泵电路为上桥臂的2个开关管提供栅极控制电压，充电泵电路有一个300kHz左右的工作频率。可在引脚1、11外接电容形成第二个充电泵电路，外接电容越大，向开关管栅极输入的电容充电速度越快，电压上升的时间越短，工作频率可以更高。引脚2、10接直流电动机电枢，正转时电流的方向应该从引脚2到引脚10，反转时电流的方向应该从引脚10到引脚2。电流检测输出引脚8可以接一个对地电阻，通过电阻来输出过流情况。内部保护电路设置的过电流阈值为10A，当超过该值时会自动封锁输出，并周期性地自动恢复输出。如果过电流持续时间较长，过热保护将关闭整个输出。过热信号还可通过引脚9输出，当结温达到145℃时引脚9有输出信号。

c. 主要引脚功能（见表5-2）。

表5-2　LMD18200主要引脚功能

引脚	名称	功能描述
1、11	桥臂1、2的自举输入电容连接端	在引脚1与引脚2、引脚10与引脚11之间应接入10μF的自举电容
2、10	H桥输出端	
3	方向输入端	转向时，输出驱动电流方向见表5-3。该脚控制输出1与输出2(引脚2、10)之间电流的方向，从而控制电动机旋转的方向
4	制动输入端	制动时，输出驱动电流方向见表5-3。通过该端将电动机绕组短路而使其制动。制动时，将该引脚置逻辑高电平，并将PWM信号输入端(引脚5)置逻辑高电平，引脚3的逻辑状态取决于短路电动机所用的器件。引脚3为逻辑高电平时，H桥中2个高端晶体管导通；引脚3呈逻辑低电平时，H桥中2个低端晶体管导通。引脚4置逻辑高电平、引脚5置逻辑低电平时，H桥中所有晶体管关断，此时，每个输出端只有很小的偏流(1.5mA)
5	PWM信号输入端	PWM信号与驱动电流方向的关系见表5-3。该端与引脚3(方向输入)如何使用，取决于PWM信号类型
6、7	电源正端与负端	
8	电流取样输出端	提供电流取样信号，典型值为377μA/A
9	温度报警输出	温度报警输出，提供温度报警信号。芯片结温达145℃时，该端变为低电平；结温达170℃时，芯片关断

表5-3　LMD18200逻辑真值表

PWM	转向	刹车	实际输出驱动电流	电机状态
H	H	L	流出1、流入2	正转
H	L	L	流入1、流出2	反转
L	×	L	流出1、流入2	停止
H	H	H	流出1、流入2	停止
H	L	H	流入1、流出2	停止
L	X	H	NONE	

d. 典型应用。LMD18200典型应用电路如图5-22所示。

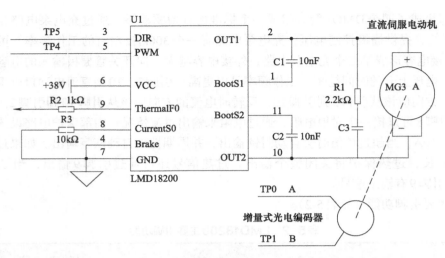

图 5-22 LMD18200典型应用电路

LMD18200提供双极性驱动方式和单极性驱动方式。双极性驱动是指在一个PWM周期里，电动机电枢的电压极性呈正负变化。双极性可逆系统虽然有低速运行平稳的优点，但也存在着电流波动大、功率损耗较大的缺点，尤其是必须增加死区来避免开关管直通的危险，限制了开关频率的提高，因此只用于中小功率直流电动机的控制。单极性驱动方式是指在一个PWM周期内，电动机电枢只承受单极性的电压。

② 颜色传感器。颜色传感器选用德国艾托特克（Eltrotec）公司的WLCS-M-4，如图5-23所示。传感器采用单光源检测原理，现在，多数的色标传感器都是使用经调制的各种

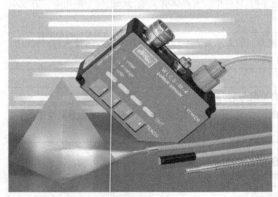

图 5-23 WLCS-M-4颜色传感器

颜色的可见光LED发射器。检测距离是一个非常重要的参数，一般而言，经调制的传感器牺牲响应速度以获取更长的检测距离。未经调制的传感器可以用来检测小的物体或动作非常快的物体，这些场合要求的响应速度都非常快。但是，现在高速的调制传感器也可以提供非常快的响应速度，能满足大多数的检测应用。

由三基色感应原理可知，如果知道构成各种颜色的三基色的值，就能够知道所测试物体的颜色。当选定一个颜色滤波器时，它只允许某种特定的原色通过，阻止其他基色的通过。例如：当选择红色滤波器时，入射光中只有红色可以通过，蓝色和绿色都被阻止，这样就可以得到红色光的光强；同理，选择其他颜色的滤波器时，就可以得到蓝色光和绿色光的光强。通过这三个值，就可以分析反射到传感器上的光的颜色。

WLCS-M-4的主要参数为：检测距离5~100mm；RS-232接口输出；导向光束（红色）；响应时间，典型值：100μs；独立放大器，255种颜色自学功能；白色光源。

③ 接口电路。接口电路采用RS-232或RS-485协议通信。PC机通过接口电路将指令

传送至单片机，单片机通过驱动芯片控制步进电动机正反转，使传感器到达指定位置。传感器检测工件颜色，并发射相应信号给单片机（红色，进行下一步；黑色，停止、延时）。单片机通过已设定的程序完成相应步骤。

5. 机械手编程控制

机械手的控制可以用 PLC 也可以用单片机，PLC 的可靠性高但是价格较贵，单片机的可靠性相对较差，而价格要便宜很多，本例延续上节所述内容，介绍上节所述机械手的编程控制。

（1）程序流程框图　程序开始运行后，系统初始化，机械手回到原始位置。传送带将工件运送过来，到达指定位置后延时 1s。这时，传感器开始检验，向工件位置发射光线，通过是否收到反射光来判断工件是否到达指定位置。如果有反射光，则运行下一步程序，开始搬运工件。如此循环，直到传感器不再接收反射光，则加工停止，程序结束。

程序流程图如图 5-24。

（2）程序代码实例

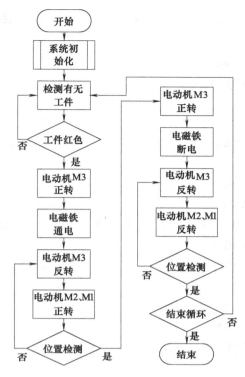

图 5-24　机械手控制程序流程图

```c
#include<REG51.H>
#define TH0_TL0  (65536-1000) //设定中断的间隔时长
unsigned char count0 = 0;
unsigned char count1 = 0;
bit Flag = 1; //电动机正反转标志位，1 正转，0 反转
sbit Key_add=P3^2; //电动机减速
sbit Key_dec=P3^3; //电动机加速
sbit Key_turn=P3^4; //电动机换向
sbit PWM1=P3^6; //PWM 通道 1
sbit PWM2=P3^7; //PWM 通道 2
unsigned char Time_delay;
//函数声明
void Delay(unsigned char x);
void Motor_speed_high(void);
void Motor_speed_low(void);
void Motor_turn(void);
void Timer0_init(void);
/*****************************************************************/
```

```c
void Delay(unsigned char x) //延时处理
{
Time_delay = x;
while(Time_delay ! = 0);
}
/********************************************************************/
void Timer0_int(void) interrupt 1 using 1//定时 0 中断处理
{
TR0 = 0;
TL0 += (TH0_TL0 + 9) % 256;
TH0 += (TH0_TL0 + 9) / 256 + (char) CY;
TR0 = 1;
if(Time_delay ! = 0)//延时函数用
{
Time_delay--;
}
if(Flag == 1)//电动机正转
{
PWM1 = 0;
if(++count1 < count0)
{
PWM2 = 1;
}
else
PWM2 = 0;
if(count1 >= 100)
{
count1=0;
}
}
else //电动机反转
{
PWM2 = 0;
if(++count1 < count0)
{
PWM1 = 1;
}
else
PWM1 = 0;
```

```
if(count1 >= 100)
{
count1=0;
}
} //反转
}
/******************************************************************/
void Motor_speed_high(void)//按键处理加PWM占空比，电动机加速
{
if(Key_add==0)
{
Delay (10);
if(Key_add==0)
{
count0 += 5;
if(count0 >= 100)
{
count0 = 100;
}
}
while(Key_add == 0);//等待键松开
}
}
/******************************************************************/
void Motor_speed_low(void)//按键处理减PWM占空比，电动机减速
{
if(Key_dec==0)
{
Delay(10);
if(Key_dec==0)
{
count0 -= 5;
if(count0 <= 0)
{
count0 = 0;
}
}
while(Key_dec == 0);
}
```

```
}
/******************************************************************/
void Motor_turn(void)//电动机正反向控制
{
if(Key_turn == 0)
{
Delay(10);
if(Key_turn == 0)
{
Flag = ~Flag;
}
while(Key_turn == 0);
}
}
/******************************************************************/
void Timer0_init(void) //定时器0初始化
{
TMOD=0x01;
TH0=TH0_TL0 / 256;
TL0=TH0_TL0 % 256;
TR0=1;
ET0=1;
EA=1;
}
/******************************************************************/
void main(void)//主函数
{
Timer0_init();
while(1)
{
Motor_turn();
Motor_speed_high();
Motor_speed_low();
}
}
```

6.机械手应用案例

加拿大航天局用于研制空间站 Canadarm、Canadarm2（如图 5-25 所示）和 Dextre 机器人手臂的技术已经适用于外科的诊断和治疗。加拿大外科创新和发明中心已经研发了图像引导自主机器人（IGAR），用于诊断和治疗癌症肿瘤。基于Canadarm精准移动人和物体的能力，IGAR可用于活体检测、结果分析和早期肿瘤的治疗。

第一个版本的产品是设计用于帮助患有高风险乳腺癌的病人。它内嵌在一个磁共振成像（MRI）扫描机里，它显示的肿瘤大小和位置比乳房X光检查或超声机更精确。正在临床试验中的机器人也将适用于检测和治疗其他肿瘤，例如肺、肾、肝和前列腺肿瘤，并且也可用于脊柱外科手术。

图5-25　应用案例一（图片来源：NASA/加拿大航天局）

美国宇航局好奇号火星探测器的扩展机器人手臂（如图5-26所示）可以在这张由好奇号导航相机拍摄的全分辨率图片上看到，这张图片是登陆火星后两个星期时拍摄的。好奇号手臂和遥感桅杆携带科学仪器和其他工具。模仿肩、肘和腕的三关节手臂可以伸展至探测器身体的6.9ft（约210.3cm）处，拿起661lb（约300kg）重的物体。

手臂的冲击钻和样品处理系统为好奇号本身的两台仪器收集并准备石头样品。此外，手臂的末端有一个彩色摄像头，一个元素识别仪，一个收集土壤样品的勺子和一个清理岩石表面的刷子。探测器共携带了10台仪器，包括一个气象站。

西班牙塞维利亚先进航天科技中心（CATEC）和塞维利亚大学的研究人员建立并展示了10款多旋翼机器人，每个手臂每组最多配置7个关节，配置多种传感器，并用3D地图和主要信息编程。图5-27展示的三连杆臂安装在一个四旋翼飞行器上，包括控制电

图5-26　应用案例二（图片来源：NASA-JPL）

图5-27　应用案例三（图片来源：空中机器人协作装配系统）

子装置和两个伺服驱动器，它们驱动前两个关节以尽量减少机器人中心位置的质量。驱动末端执行器的伺服驱动器位于第二个连接的末端。前两个连接是点阵结构，可以减轻重量。

这款机器人手臂（如图5-28所示）是由瑞士洛桑联邦理工学院（EPFL）的研究人员开发的，具有超快的抓取反应速度。它可以在50ms内可靠地抓住抛在它面前的任何形状的物体，甚至在物体的飞行轨迹很复杂的时候也能完成。该机器人手臂长1.5m，有三个关节，手上有四个手指。

研究人员创建这个系统用于测试机器人捕捉移动的物体。机器人手臂通常的设计需要为所有任务预先编程，并计算新的轨迹，反应太慢，所以研究人员通过手动展示各种可能的轨迹并不断重复，引导机器人抓住目标。机器人利用周围的摄像头为每个物体的轨迹、速度和旋转等动力学数据创建一个模型，并把模型翻译成方程。在接触物体的最后几毫秒，机器人手臂校正轨迹，由控制器同步手和手指的动作，实现精确捕捉。

2008年11月7日，在东京的反恐怖演习活动中，东京消防部门的急救机器人将模拟受害者运到自己的装置之内，该次演习是为了对东京放射性爆炸装置事件的应对预演（如图5-29所示）。

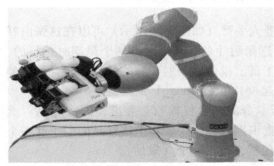 

图5-28　应用案例四　　　　　　　　图5-29　应用案例五（救人机械手）
（图片来源：瑞士洛桑联邦理工学院）

从大象的鼻子移动和捕捉物体的方式得到启发，Festo的仿生搬运助理（Bionic Handling Assistant）有11个自由度，让它动作更自由，并在任何方向上都能精确地捕捉物体。灵活的辅助系统的精确捕捉工具可以自主地抓住物体，而不需要手动操作或编程（如图5-30所示）。它的手有一个球状关节和一个带自适应手指的夹持器模块。夹持器模块的微型摄像头和集成的图像识别系统自动检测和跟踪目标物体，并启动抓取的命令。语音识别让它接收语音命令去抓取、移动和放置物品。

该系统的弹性结构使它可以在人类的周围安全使用：如果发生碰撞，该系统立即停止动作，直到人走开再继续操作。应用领域包括残疾人的康复和照顾，以及农业。

2009年3月2日，参观者在德国中部汉诺威举行的世界最大规模的高科技展览会——CeBIT上观看人形遥控系统"Rollin Justin"（如图5-31所示）表演调制速溶茶。

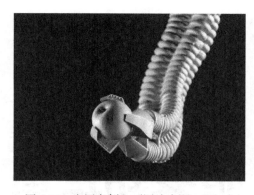

图5-30　应用案例六（图片来源：Festo）

图5-31　应用案例七（"Rollin Justin"）

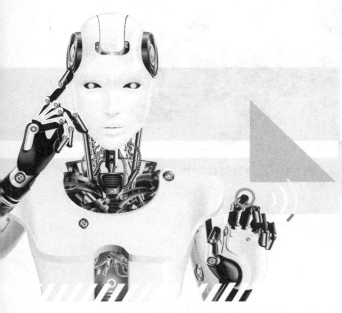

第六章

服务和玩具机器人

机器人学科也和其他学科一样，有一定的技术门槛，在不同的时期有不同的研究热点。在过去几十年中，机器人研究（如各类服务机器人、高端玩具机器人等）成为热点，一系列理论和应用难题也在慢慢被解决。对于服务机器人和玩具机器人这两种类型，也有着同样的发展过程，如何快速将机器人技术应用到日常生活当中，从而带动一些全新研究领域的启动和发展是当前最需解决的难点和热点。

本章将介绍跟生活息息相关的机器人：服务机器人和玩具机器人。这类机器人的分类并没有严格的定义，但是却是机器人技术应用到生活中的一个重要交接点。这两类机器人很特殊，它们并不脱离生活，是技术生活化的代表。正因为这两种机器人跟大家生活息息相关，所以越来越多的人把目光投在它们身上，市场上也涌现出越来越多的产品，在不知不觉中成为生活中不可或缺的一部分。

服务和玩具机器人从一开始的概念设计，慢慢演变成产品，这个过程是漫长的，但随着生活对机器人的需求度逐渐升高，预计在不久的将来，这两类机器人将会广泛应用到日常生活中去，给人类提供便捷的服务，使社会生活更加多姿多彩，让科技与生活更加紧密得结合在一起。

一、服务和玩具机器人介绍

1. 服务机器人定义

现在中国的人口状况已经形成了人口倒金字塔结构，老龄化的现象越来越严重，越来越多的老人需要照顾，这种结构大大地增加了年轻家庭压力。同时随着社会节奏加快，随着信息的高速发展，社会生活、工作节奏越来越快，工作压力大使得这些年轻人更加没时间陪伴自己的家人，人们迫切需要从繁杂的家庭劳动中解脱出来，做更有意义的事情，照顾家人成为他们最急迫需要解决的问题。中国社会保障和服务的需求也变得越来越紧迫。有需求就有市场，随之酝酿而生的将是广大的家庭服务机器人市场，例如家庭护理机器人、玩具机器人、安控机器人、清洁机器人都将是最为需要的。在国外，一些机器人已经实验性地进入了医院、家庭，从事部分辅助服务工作，相信在中国随着市场潜在需求的成熟，也将有更多的服务机器人走入寻常百姓家。

虽然服务机器人技术发展得很快，但在机器人领域还是属于新生成员，所以到目前为止还没有一个严格的定义，不同国家对服务机器人的认识也有不同。亚洲很多国家认为：服务机器人是一种以半自主或全自主的方式操作，用于完成对人类福利和设备有用的服务（制造操作除外）的机器人。国际机器人联合会经过多年的信息整理及意见征集，给了服务机器人一个初步的定义：服务机器人是一种半自主或全自主工作的机器人，它能完成有益于人类健康的服务工作，但不包括从事生产的设备。

在我国，服务机器人的定义指能在工业、农业生产中代替人的工作，从事家庭服务和社会服务的机器人，主要包括：清洁机器人、家庭机器人、娱乐机器人、医用及康复机器人、老年及残疾人护理机器人、办公及后勤服务机器人、救灾机器人、店铺及餐厅服务机器人等。

2. 服务机器人分类

随着服务机器人的应用范围越来越广，标准化、模块化、网络化和智能化的程度也越来越高，功能越来越强，所以对其进行详细分类是很有必要的。

（1）从应用类型来分类　服务机器人可分为专用机器人和通用机器人。专用机器人指的是原来没有专用机械的、带有局限性的、能满足更高要求的、至今还没有特定名称的高级机械化设备。例如，清扫机器人、警备机器人、灾害救援机器人等，大多是代替原来用人或机器完成的作业，具有用户容易接受的功能。

（2）从工作环境来分类　服务机器人可以分为室内机器人、管道机器人、矿井机器人、隧道机器人、水下机器人、空中机器人等。

（3）从功能来分类　服务机器人可以分为娱乐机器人、教育机器人、医疗机器人、家政机器人、监护机器人、监控机器人、保安机器人、救援机器人、灭火机器人、维护保养机器人、修理机器人、运输机器人、检查机器人、导游机器人等。

（4）从驱动方式来分类　服务机器人可以分为轮式机器人、履带机器人、蛇形机器人或其他复合形式机器人等。

（5）从导航方式来分类　服务机器人可以分为有地图导航和无地图导航的服务机器人、自主创建地图导航的服务机器人等。

机器人总体机构在设计的时候应该考虑到易拆性，便于平时的试验、调试和修理。还要给机器人暂时未能装配的传感器、功能模块等预留升级的空间，以备将来功能改进与扩展。在硬件设计上，各个功能模块采用标准接口，模块之间相互独立，单独装配，互不影响，各模块可被轻松替换与配置以适用新的应用。在软件上要制定一个通用的协议，符合该协议的对象可以互相交互，不论它们是用什么样的语言写的，不论它们运行于什么样的机器和操作系统。

随着服务机器人技术和模块化程度的不断提高，服务机器人的表现形态将成为模块化技术和构件组合而成的集合体。标准框架就是要从体系结构、软硬件实现等方面对机器人的设计进行总体规范，把整个机器人系统中含有相同或相似的功能单元分离出来，用标准化原理进行统一、归并、简化，以通用单元的形式独立成为模块，各模块间功能相对独立、完整。

现在，我国服务机器人的研究没有形成系统，基本上是各个大学、研究院所根据国外的研究状况，或是为了培养学生兴趣，而进行的一些零散的研究。而在机器人研究非常发达的国家，例如德国、日本和韩国，服务机器人研究大多是企业提出而进行研究的，将研究与产业发展、市场需求非常好地结合起来，使研究服务于企业，企业促使研究发展，形成一个良性循环。因此这些国家服务机器人的产业化，已经取得了非常好的成果。

3. 玩具机器人定义

玩具是一个大众名词，特别是在有小孩子的家庭，玩具已经成为不可或缺的一种用品。很多权威机构已经证实了，一款设计优良的玩具在儿童智力开发中起着重要的作用。玩具的颜色、外形及动作等，对儿童的大脑发展有很大的促进作用。在21世纪，各种整合了声、光、电功能的高科技玩具开始抢占传统玩具的地位，世界第一玩具消费国——美国在这方面表现得特别典型。

随着儿童生活水平及智力的不断提高，普通的玩具，比如娃娃、卡片、模型等已经不能满足他们的好奇心，而且现在社会生活压力的不断增加，成年人对玩具的需求也在日益增加。慢慢地玩具机器人也开始流行起来，逐渐出现在玩具的市场当中，它成功地将多种产品整合在一起，通过人工智能技术，让孩子在交流互动中获得快乐、提高智商。所以现在大型的玩具公司都开始把重点放在智能玩具机器人这一领域上面，比如仿真机器狗、智能小车、智能人型机器人等，在市场的占有率逐步上升，这些机器人特别能吸引孩子的目光。诸多大的生产厂家也把玩具机器人当作生产研发的热点。近些年来，中国智能玩具发展百花齐发，也导致一个问题，就是稍微有点机械电动结构的玩具都被称为玩具机器人，使得玩具机器人变得多样化，所以人们对玩具机器人的概念越来越模糊，学术上也没有一个完全统一的概念。按照现在玩具机器人的发展状况及人们对玩具机器人的理解，初步给出玩具机器人的定义：具有人类的逻辑思维能力，能对周边的变化做出反应或者可以接受人类指挥，运行预先编排的程序的玩具，这类机器人完全用于娱乐及智力开发，不包括用在家庭服务的设备。

玩具机器人通常只需要提供一些简单的功能，因此价格比较低廉，当然，价格高低毫无疑问是其能否吸引广大用户的最重要指标之一。典型的玩具机器人，如日本索尼公司开发的机器狗，其功能主要包括自动翻身、平地四足行走、简单肢体动作、简单语音表达、识别和控制能力、基本触觉能力等。机器狗全身总共有十余个关节，每个关节都有相应的伺服控制器回路，这些控制回路由几个数字处理芯片管理控制。这个被视为日本国宝的玩具一直走在智能玩具机器人研发的前沿，属于玩具机器人的高端产品。近几年在机器人的热潮下，形形色色的玩具机器人涌入市场，伴随着机器人电影业的发展，电影屏幕上的机器人也被仿制，如机器人瓦力、Eva、变形金刚等，备受消费者热宠，成为玩具机器人市场的明星。而随着人形玩具机器人的慢慢完善，智能化的人型玩具也开始出现，如号称世界最小人形玩具的ISOBOT，能模仿人类很多高难度动作，肢体灵活，刚推出市场的时候，影响非常大，这可以算是玩具机器人发展的一个重要里程碑。

二、服务和玩具机器人应用案例

本节将介绍几款服务和玩具机器人的实用应用案例，在最后将会详细介绍几款机器人的内部结构和整体原理，从原理及内部结构出发，深入了解机器人的运行机制。

1. 服务机器人应用案例

（1）法律咨询机器人　2018年5月13日，国内首款集智能语音普法问答、远程会议多方互动、在线法律咨询、引导接待答疑、远程分身互动、智能软件对接等多功能于一身的法律服务AI人工智能机器人在沈阳亮相（如图6-1所示）。

现场，当有人向这款人工智能机器人提关于工伤类法律问题时，它可以迅速并精准地将相关法律规定告知问询人。由新松机器人股份有限公司与中联安泰法律集团联合打造的这款人工智能机器人，集合行业顶尖技术，具有语音识别、人脸识别、语音指令、远程更新、远程视讯、视频直播、多媒体播放、自主行走、自主充电、一键呼叫、远程咨询、档案管理、课程点播、云端服务等功能。

图6-1　法律咨询机器人

项目相关负责人表示，"大数据+人工智能"在法律应用上，可以满足百姓海量的法律服务需求，凭借随时更新最新法律法规、咨询意见全面等优势，人工智能机器人可以帮律师做好法律咨询的前期工作和基本事务，使得律师团队有更多的精力投入到更深层次的法律专业工作中去，从而提升自己的专业能力以便更好地服务百姓。"中国城乡差异较大，主要的法律服务资源集中在大城市，越往基层法律服务提供力量越薄弱，如果有了这款机器人，就可以将法律服务拓展得更广泛，更多的人会因此得到切实的帮助。"该负责人表示。

图6-2　机器人"曹操"

（2）机器人"曹操"　2015年7月下旬，阿里巴巴集团宣布全面进军商超领域，力推旗下天猫超市，天猫超市的配送中心有仓储搬运智能机器人"曹操"（如图6-2所示）。

"我们这个仓储搬运智能机器人被取名为'曹操'，俗话说'说曹操，曹操到'，以此表达天猫超市对物流实效的要求。"相关负责人表示，"曹操"是一部可承重50kg，速度达2m/s的智能机器人，造价高达上百万，所用的系统都是由阿里自主研发的。"曹操"接到订单后，它可以迅速定位出商品在仓库分布的位置，并且规划最优拣货路径，拣完货后会自动把货物送到打包台，能一定程度上解放出一线工人的劳动力，在"曹操"和小伙伴们的共同努力下，天猫超市在北京地区已经可以实现当日达。

（3）搭载了腾讯云小微AI助手的Temi机器人　搭载了腾讯云小微AI助手的Temi机器人，于2019年9月正式在中国地区开启限量预售，Temi是以色列机器人公司Temi生产的首款家庭服务机器人，可以成为个人服务助手，还可以服务于酒店、商场、政府、文旅等场景。Temi具备强大的ROBOX导航系统，可以实现自主导航、智能避障等功能。通过精准的室内外地图导航，可以为商场和景区等场景提供导览介绍服务（如图6-3所示）。

在中国市场，Temi机器人依托腾讯云小微AI助手搭建起的语音交互功能，让Temi更加理解中国用户的语言习惯。腾讯云小微整合了语音识别、自然语言理解、语音合成等AI能力，同时连接了腾讯丰富的内容和服务生态，让Temi机器人具备拟人化、情感化和个性化的语音交流方式，为用户提供自然、丰富的交互体验和服务。同时，Temi还通过语音交互的方式接入国内主流智能家居平台，实现智能家居的互联互通。

例如，在家庭使用场景中，依托腾讯云小微语音交互能力和云端大脑，用户可以向Temi询问时下流行的甜点做法，它会展示和播报每一个步骤。它还能够根据命令用小托盘将点心送往家中任意位置，或者跟随着小朋友或者老人行走。

在商用领域，腾讯云小微AI助手助力Temi机器人打造丰富的商业服务能力。在Temi强大的导航功能基础上，搭载腾讯云小微的语音交互能力及生态服务能力，可以为商场、超市提供导购服务，为酒店、景区等提供迎宾接待、智能送物、智能导览等服务，为办事机构提供业务咨询、服务办理等服务。

图6-3　Temi机器人

（4）银行助理机器人　银行助理机器人+银行大堂助理机器人是应用于智慧银行的最佳载体，具有智能交互、业务咨询、客户引导、产品展示、业务营销、移动宣传等功能，最大程度为顾客需求定制个性化方案（如图6-4所示）。

随着"互联网+"时代的到来，银行业正努力打造"互联网+金融"的智慧银行，以银行传统业务为基础，通过移动网络和智能化设备，帮助银行进行业务流程的优化、创新，加强与客户的沟通和联系，提升银行的业务效率，降低成本和风险。而银行机器人作为智慧厅堂的关键智能设备，将成为银行产业升级和改造的突破口，大大增强传统银行的核心竞争力。

2. 玩具机器人应用案例

（1）遥控对战机器人Ganker和Geio 遥控对战机器人Ganker作为竞技机器人愈来愈流行，不少学校更将它引入到STEM教学课程中，另一款GJS Robot——Geio也于2018年引入香港，此遥控玩具机器人采用视觉识别技术加AR元素，使用者可用手机APP遥控机器人（如图6-5、图6-6所示）。

图6-4　银行助理机器人

图6-5　遥控对战机器人Ganker

图6-6　Geio

相比之前GJS Robot推出的遥控对战机器人Ganker，Geio明显售价更便宜。但售价便宜是否代表功能弱？又未必，因为它内建了低功耗视觉识别系统，是全球首个采用此系统于机器人身上的公司。系统设有AI及FPV两个核心科技，不但令眼睛可具备视觉识别及第一人称射击功能，配合头上搭载的摄影机，更可以在1.5m内以视觉识别判敌，从而进行自动攻击、自动追踪敌人、用作图腾系统及人面识别，十分厉害。除了AI功能外，Geio的嵌入式低功耗视觉识别系统更可配合AR技术，令玩家可以透过手机的Geio APP，以第一人称视角（FPV）控制机器人，探索周围，感觉犹如坐在机器人的身体内进行操控一样，临场感十分高。玩家更可配合VR眼镜及特制的PlayStation遥控器控制Geio，令临场感更强烈。另外，它与Ganker一样也有多点电子计分系统，而且计分系统与Ganker通用，换言之对手无论是使用Geio还是Ganker，都可以与之进行对战。加上Geio APP采用5GHz Wi-Fi频段，不但干扰更少，而且支持最多24vs24的多人混战，更考验玩家的战术运用。

Geio在设计上亦十分专业，它的头部采用弹性电力舵机（Servo）设计，设有2个舵机，而且都有弹性，大幅减少安全问题，适合8岁或以上玩家使用，而且寿命亦比一般用料长，负责提供上下90°左右160°的辽阔视野。此外，Geio上身设有具备AI智慧识别的灵活炮台，下身就是可极速360°移动的结构。加上它采用了十字交叉4全向轮底盘的标志性设计，4个电机组合采用GJS Robot自行开发的高速齿轮组，可以做到全方位360°多角度超高速移动，行驶速度可达到1.524m/s。此外整体重量只有900g，轻便身躯亦更符合"高机动性射击手"的竞技角色设定。

（2）MiPosaur智能恐龙玩具机器人 MiPosaur以迅猛龙为设计原型，搭载了自平衡技术、脉冲信标感应技术、红外感应技术等多项先进科技，不光会动，还有情绪，玩家可以通过手势、智能球或APP与它互动，玩法多样，欢乐无穷（如图6-7~图6-9所示）。

图6-7　MiPosaur（1）　　　　　　图6-8　MiPosaur（2）

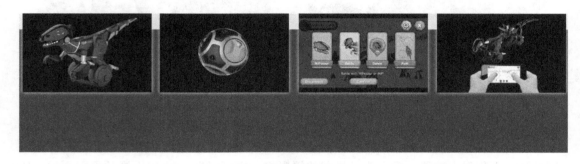

图6-9　MiPosaur（3）

MiPosaur采用自平衡技术，用双轮代步，移动起来速度更快、更迅猛。除此之外，MiPosaur搭载了脉冲信标感应技术，此技术通过收集大量无线信息，实现对环境的感知并做出相应的反应，追踪智能球。

轮子外侧为橡胶材质，上面有防滑凸点，防止MiPosaur在光滑的路面行走时打滑。

MiPosaur运用Gesture sense红外感应技术，通过头部多个红外发射器和接收器，能够接收玩家手势指令，做出前进、后退、转弯等动作，并探测出周围环境状态，在移动的过程中，自动识别障碍物，改变路径。它的嘴巴是会动的，可以张合。

MiPosaur肚子上是扬声器和电池仓。MiPosaur可以发出声音，由四节五号电池供电，三个螺丝将电池仓牢牢锁住，确保在使用的过程中电池不会松动。尾巴底部有个开关。头顶的麦克风用来接收我们"击掌"的声音。

MiPosaur不光会动，还是个有情绪的恐龙，拥有生气（红灯）、好奇（蓝灯）、兴奋（橙灯）三种情绪（通过其背部的LED指示灯表现），并可随心转换。这得益于MiPosaur

内置的丰富机器人程序，加强了消息处理能力。启动MiPosaur后，它会默认进入好奇模式；玩家如果向它发出足够多能让它快乐的指令，它就会进入兴奋模式；玩家如果向它发出过多让它不愉快的指令，它就会进入生气模式。根据MiPosaur所处的心情，它可以对10种手势做出不同的反应。

MiPosaur的智能球也是由4节7号电池供电，镶嵌8个感应器和一个LED灯，只不过这一次，直接把模式切换的旋钮放到了球上。转动旋钮可以切换六种模式，每一种模式对应MiPosaur心情指示灯上的一种颜色。

绿灯——小皮球模式——把球放在地上滚，MiPosaur会追逐小球。

紫灯——牵引带模式——玩家拿着球到哪，MiPosaur就会跟到哪。

黄灯——美食模式——小球变成美食诱惑MiPosaur。

蓝灯——跳舞模式——摇晃小球，MiPosaur就会唱歌、跳舞。

白灯——音乐合成模式——当MiPosaur接近小球时，就会开始歌舞表演。

粉灯——泰迪熊模式——小球变成了MiPosaur心爱的玩具。

玩家还可以通过APP与MiPosaur互动。首先下载、安装MiPosaur APP，然后打开蓝牙与MiPosaur连接，就可以开启新的互动玩法。与MiPosaur连接后，它背部的心情指示灯会变成绿色，默认进入驱动模式。玩家可通过手机直接控制MiPosaur前进、后退和转向。另外，在设置中可根据喜好切换单杆或双杆操作。MiPosaur可以和其他MiPosaur对战，通过面部的红外发射器发射虚拟炮弹，还可以用摆尾来击打对方。需要两位或以上玩家同时选择这种游戏才能进行，目标就是将对方打倒。

（3）AR.Drone遥控飞行器　AR.Drone遥控飞行器是全球著名手机周边无线产品品牌Parrot推出的应用实时编码技术，并通过iPod touch/iPhone/iPad遥控的四螺旋桨直升机（如图6-10所示）。由碳纤维及强硬防撞的PA66塑胶制造，内设微机电系统（MEMS）、三轴加速器、双陀螺仪、超声波感应器及两个镜头。AR.Drone遥控飞行器拥有独特的座舱设计。由四个设有无刷发动机的螺旋桨驱动，能够在驾驶时提供极佳的机动性和稳定性。

图6-10　AR.Drone 遥控飞行器

只要将应用程序"AR.Free Flight"下载到iPod touch/iPhone/iPad，并通过AR.Drone遥控飞行器特设的Wi-Fi无线网络连接（不需连接互联网或无线路由器），便可使用iPod touch/iPhone/iPad来启动和操作。

AR.Drone驾驶舱前部安装有一个摄像头，可以将第一人称视角的实时画面拍摄并通过Wi-Fi传送给控制器，使用户可以看到第一视觉的效果，机身还配置了重力感应装置、陀螺仪、机械控制芯片等，利用智能飞行技术可以纠正风力和其他环境误差，平衡飞行速度和角度。在室内飞行时，用户可以给其加装防护罩防止撞坏螺旋桨，还能进行两人模拟空战。

AR.Drone四轴飞行器内置ARM9 CPU、Linux操作系统，通过Wi-Fi来控制。开放的 Linux 内核使得在 AR.Drone 方便增加新模块。AR.Drone 是一个很好的 DIY 平台。AR.Drone 内置了两台摄像机，一台在前面（500万像素），一台在下面（对着地面）。同时，视频画面会同步传送到 iPhone 手机或 iPad 掌上电脑上。使用 iPod Touch 或 iPhone 的应用软件中的按钮，便可以轻松切换这两台摄像机。AR.Drone 在室内外均可使用。可以根据游戏环境选用它提供的两个机壳。当 AR.Drone 与藏匿于室内的敌人作战时，采用机壳护罩可防止发生碰撞损坏。流线型机壳符合空气动力学原理，提供更强大的室外操控性能。

导航主板包括传感器和一个 12 位 ADC 转换器的 40MIPS 微控制器，上面有一个超声波收发器和一个接收器来测量飞机高度，可达 6m/（20ft）。在该 AR.Drone 重心位置有一个 3 轴 MEMS 加速度计。数据发送到微控制器。两轴是精密 MEMS 陀螺仪和航向控制偏航压电陀螺仪。这是由模拟传感器数字化 12 位 ADC 微控制器的。这些传感器构成惯性测量装置。当更新 AR.Drone 软件时，该导航板软件也可能会被更新（如图 6-11 所示）。

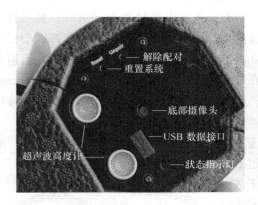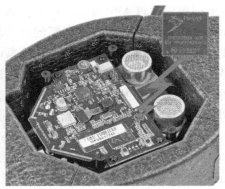

图 6-11　AR.Drone 导航板功能分布图

图 6-12　AR.Drone 操控图

在动力方面，飞行器采用 11.1V 的 1000mA·h 锂聚合物电池供电，锂电池有一个平衡充电接头，确保这三个充电电池电压平衡，这对维持电池的容量和延长电池寿命很有用。电池包含一个保护电路模块，以防止过充电、过放电，或短路。充满电后，飞行器只能正常工作 12min，充电则大约需要 90min，所以每次玩不了很长时间，要想控制时间延长，就只能尝试用大容量电池。AR.Drone 在空中盘旋时，每个无刷电机转速是 28000r/min，全速前进时达到 41400r/min。

此外，Parrot 公司还针对 iPhone 和 iPod touch 开发了一款演示游戏，用户可以使用该游戏应用控制飞机模型做出上升、下降、前进、盘旋等飞行动作，并提供虚拟对战功能，用户可以获得非常逼真的第一人称空战体验，这可以说是现实技术运用在手机游戏的一个创新（如图 6-12 所示）。

三、服务和玩具机器人应用案例分析

1. 家庭服务机器人

随着人口老龄化进程的加快，更多老年人需要照顾。基于此，这里提出一种基于ARM的嵌入式服务机器人控制系统设计。该服务机器人的控制系统是机器人的神经中枢，因而其设计是机器人研究的核心。该控制系统通常以MCU、DSP等为核心，采用上、下位机二级分布式结构。其中上位机一般为PC机，下位机为单片机或DSP等微控制器。但随着移动机器人的智能化控制方法的发展，所需计算量增大，一般的单片机等处理器很难完成控制要求。而基于ARM的嵌入式服务机器人的控制器采用分层与模块化结构，充分体现可扩展性、可移植性的设计原则，同时具有低成本、低功耗、体积小巧、可靠性高、智能化高以及通用性等特点。

服务机器人控制系统是机器人的神经中枢，决定着机器人能否按照用户要求顺利地完成相应工作任务。基于ARM和嵌入式μC/OS-Ⅱ的服务机器人控制系统可广泛应用于服务型机器人。这必将开发出低成本、低功耗、体积小巧、实时性强、可靠性高、接口丰富、维护方便、智能化程度高的机器人，也将促进机器人运用的推广和普及，从而推进我国机器人行业向产业化方向发展。

本小节将构建一种新型家庭服务机器人平台系统，介绍一种基于模块化技术的服务机器人研制解决方案。针对机器人运动模型和定位传感器观测模型进行分析和实验，为提高机器人的控制和感知环境能力奠定基础。机器人系统是一个复杂的系统，由于陪护和助老助残的服务任务要求，系统的建立必须体现可靠性、可移植性、安全性、人机友好性和智能型特点。考虑室内环境的定位、导航和移动作业任务，服务机器人系统设计方案采用了双主动差速驱动配合双臂协作的方案，搭配立体视觉传感器，采用激光传感器方式作为定位传感器。基于模块化思想研制的新型服务机器人的设计参数为：

① 仿人型结构，身高110cm，体重50kg，共18个自由度，其中颈部2个自由度（俯仰、转动），双臂12个自由度，双手2个自由度，底盘2个自由度；

② 机器人采用21V、20A·h锂电池供电，内部有AC/DC的电源转换模块；

③ 配有一套双目视觉传感器、一个激光测距传感器、九个红外光电传感器和六个超声波传感器，一套语音采集模块，一套带触摸的液晶显示装置，预留2.4G无线收发模块；

④ 多传感器和紧凑结构，机器人的多传感器和多自由度配置，需要占用很大空间，但考虑室内环境狭小特点，采用分层设计方法保证了器件和外形的统一，内部传感器通信控制总线为CAN总线。

机器人的外形如图6-13所示。图6-14是机器人的底盘。

家庭服务机器人含四个模块子系统：传感器系统，硬件控制系统，电源系统，软件控制系统（如图6-15所示）。

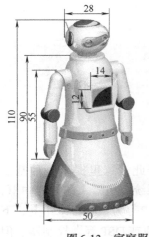

图6-13　家庭服务机器人外形

图6-14　机器人底盘

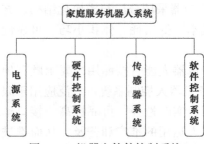

图6-15　机器人软件控制系统

（1）机器人电源系统　由于环境的不确定性，机器人运行遇到障碍需要紧急制动或倒退时，电机瞬间峰值电流高达20A，考虑到机器人供电、充电需求与参数安全性等因素，电源模块采用交直流不间断供电方法，如图6-16所示。模块控制通过大功率继电器系统对电路供电系统进行控制，通过两个二极管将两路电源并联起来，如果AC/DV转换器的电压大于电池电压，这个系统由转换器提供电能，反之系统自动切换到电池供电模式。在控制电机方面，由于电机工作电流大，所以在设计继电器电流参数时，必须有很大的预留空间，特别是固体继电器，考虑到浪涌电流的冲击，工作电流预留到40A。

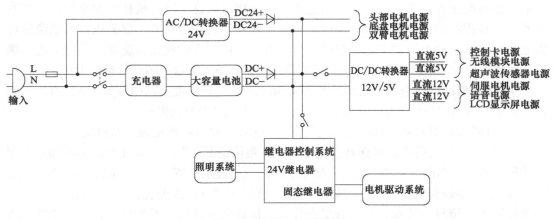

图6-16　机器人电源系统

（2）传感器控制系统　针对室内环境特点和操作目标识别需要选择传感器，同时考虑性能、外尺寸和价格等因素。传感器系统主要有两种：一种为标准产品，配有标准接口，无需硬件再设计；另一种为研制模块，如超声波等需要进行模块及接口外形设计。

在传感器系统中，传感器数量分配及布局的有效性是必须考虑的，根据传感器特点、检测目标的特点与朝向确定传感器的分布。传感器系统模块化设计如图6-17所示。

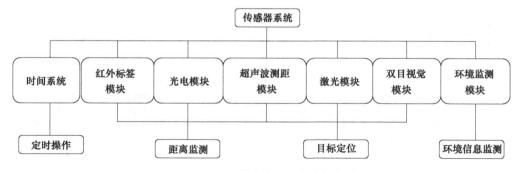

图6-17　传感器系统框架及功能实现

机器人视觉系统中的两部摄像机安装于不同的位置，对同一物体或目标同时拍摄两幅图片，构成一组立体图像。视觉系统采用固定式单路高精度彩色CCD摄像机，通过获取两个物体在两幅图中的视差，根据摄像机的参数，计算出物体的深度。

传感器系统支持多种不同类型的传感器，传感器的使用是可以任意配置的，实现了即插即用的功能，方便用户在使用中的灵活性。传感器系统主要支持超声波传感器、红外传感器、方位传感器和可以测距的PSD红外传感器、温度传感器、湿度传感器、CO传感器等，平台的标准配置是超声波和红外传感器，其他可根据用户的需求灵活配置。平台系统采用CAN总线通信方式，通信距离可以达到200m。

（3）硬件控制系统　硬件控制系统是机器人的核心部分，它决定了机器人的主要形态、结构和运动性能，该部分包括控制器模块、接口模块、电源模块、伺服控制接口、通信模块和操作电路设计等模块，如图6-18所示，其中的中央控制模块、电源模块和操作电路等的分配布局可靠性问题为重要考虑因素。移动的服务机器人的特点是内部空间狭小散热不好、运动过程容易产生振动、机器人传感器的传输及计算的数据量大（视觉、激光等传感器），所以机器人采用结构紧凑、无风扇的准系统计算机，配双核处理器T3200，这样兼顾了稳定性和计算能力。

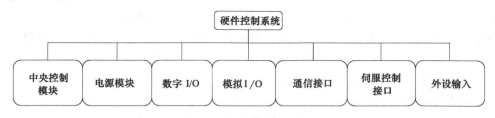

图6-18　控制系统框架及功能实现

（4）软件控制系统　软件设计的基本原则是：软件结构化、驱动标准化、系统可定制。服务机器人的控制器关键是要保证系统的实时性。采用μC/OS-Ⅱ实时操作系统，其结构简单，可移植性和可维护性非常好。μC/OS-Ⅱ主要功能是为机器人系统的实时协调与通信提供一个标准化的环境。μC/OS-Ⅱ运行于机器人的硬件平台之上，占用空间小，能进行分布操作和各任务的并行编程。μC/OS-Ⅱ可以顺畅地把任务分摊。目标是最小的运行开销和最大的硬件控制能力。µC/OS-Ⅱ对加快开发进度、提供高级功能调用和标准的库是非常有用的。整个软件控制体系结构如图6-19所示。

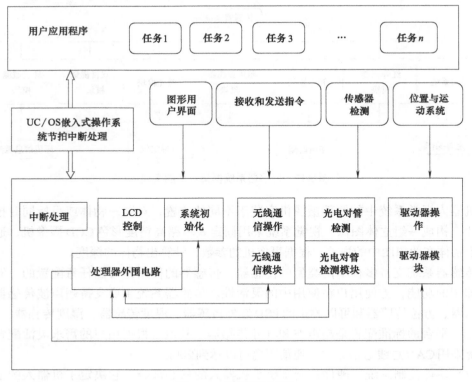

图6-19　软件控制系统

在搭建机器人软硬件平台及编写与硬件相关的底层函数后，在该实时内核上编写接口驱动程序及机器人应用程序。通过软硬件整体测试后，将该机器人控制器安装在机器人上进行实验。在过程中，智能轮移动稳定，转向灵活，变速平稳；能及时识别并躲避障碍物；机器人视频传输画面流畅；语音人机交互功能，由麦克风将声音传给语音处理器，通过硬件处理识别语音信号，然后再经喇叭播放机器人的对答声音，实现人机对话。同时该服务机器人控制系统结构简单，电路体积小，有利于安装与维护。

机器人设计是一项复杂的系统工程，它融合了机械、电子、传感器、计算机和人工智能等诸多领域的先进技术。由于涉及的学科众多，工作繁重，完成机器人整个系统的设计需要多学科的专业知识以及充足的时间。

2. 自动跟踪路线小老鼠

路线识别一直是研究的热点，也是机器人教育中较为重要的一个环节，很多竞赛和课程设计都会涉及路线的自动跟踪、自动寻轨等控制方面的内容。实现的方法有很多。可以用摄像头进行图像采集，然后对图像数字处理，识别出实际的路线，也可以利用调制后的激光束来进行路线识别，还有一种比较简单的方式，就是用红外对管来实现。这些方法都是可行的，也被广泛应用，但是应用在玩具上面来实现路线自动跟踪的自动导航就很少。因为要把这项技术应用在玩具上面，有一个很大的难题，就是成本问题，用最低的成本来实现这种自动控制，确实是一个不小的挑战。用摄像头效果好，控制灵活多变，但成本高，实现难度大，所以要是用在玩具机器人上是不实际的。激光效果也不错，检测距离比较远，可以提高检测速度，反馈控制更及时，但激光头寿命有限，而且价格也不低。红外对管电路拓扑简单，实现容易，成本有很大的优势，虽然工业控制效果不及上面两种方式，但用在玩具上面是可以胜任的。对于玩具来说，偶尔的干扰和控制失误消费者是可以接受的，因为毕竟是玩具，消费者对这个要求不会很高，大家看重的还是功能的新颖性。

　　本小节将介绍一款可以识别路线、自动跟踪的玩具机器人——自动跟踪路线"小老鼠"（如图6-20所示）。只要用黑色的粗油性笔在普通白纸上面画上路线，然后把这只"小老鼠"放在上面，它就会很聪明地跟着上面的路线运动。它能识别直线交叉路线、大拐弯路线、小拐弯路线、不连续路线等（如图6-21所示），识别率非常高，非常有趣。

图6-20　自动跟踪路线"小老鼠"外观

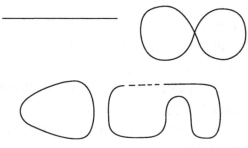

图6-21　可以识别的路线种类

　　在外形方面，"小老鼠"尺寸不能太大，太大的话，会增加控制难度，运动的灵活性也会降低，同时耗电量也会跟着上升，正常使用时间自然会下降。这款小玩具身长大概6cm，在这么小的空间里面实现这样新颖的功能，实在难得。下面来分析一下它的电路结构，图6-22是"小老鼠"的实际电路图，电路拓扑很巧妙，电路也不复杂，充分展示了玩具的电路设计特点。

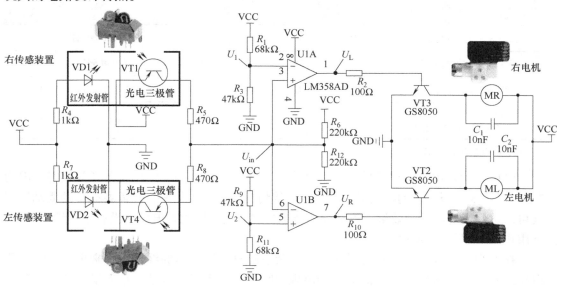

图6-22　"小老鼠"电路原理图

电路中用了两对红外对管，分别装在小老鼠底部的左右两边，红外对管出来的信号送到运放LM358中进行窗口比较，最后输出控制信号控制电机驱动电路，让"小老鼠"做出动作反应。VD1、VD2是红外发射管，负责发射红外线，VT1、VT4是光电三极管，负责接收红外线。如果发射管下面没有黑线，是白纸，红外发射管发射出来的红外线就会反射到光电三极管，这时光电三极管呈低阻状态。如果发射管下面遇到黑线，红外线就会被吸收，对应的光电开关收到很弱的红外信号，这时光电三极管呈高阻状态，通过检测这样的信号差别来实现路线的识别功能。R_1、R_3和R_9、R_{11}分别跟两个运放的反相输入端和正相端提供参考电压信号。两个运放的另外一个输入端连接在一起，作为光电开关的信号采集端。因为光电开关在电路中是串联在一起的，所以两个管的信号会相互作用，控制状态有下面四种情况：

① 当只有VT1接不到红外信号时（在右边传感器下面遇到黑色路线的时候），U_{in}端电压接近VCC；

② 当只有VT1接不到红外信号时（在右边传感器下面遇到黑色路线的时候），U_{in}端电压接近0V（地电压）；

③ 当VT1、VT3都接不到红外信号时（在两个传感器下面都遇到黑色路线的时候），U_{in}端电压接近1/2VCC；

④ 当VT1、VT3都接到红外信号时（在两个传感器下面没有黑色路线的时候），U_{in}端电压接近1/2VCC。

因为两个运放的输入端极性刚好相反，而且参考电压也一高一低，所以U_{in}信号经过两个运放进行窗口比较后，就会有一高一低的控制信号，刚好来控制左右电机，实现自动路线跟踪的功能。输入跟输出状态详细见表6-1。

表6-1 "小老鼠"运动状态表

输入描述	输入	输出		输出描述
		U_L	U_R	
黑线只在左边的传感器下	$U_{in} < U_1 < U_2$	H	L	左电机转（右转）
黑线只在右边的传感器下	$U_1 < U_2 < U_{in}$	L	H	右电机转（左转）
传感器下面没有黑线	$U_1 < U_{in} < U_2$	H	H	两个电机同时转（直走）
黑线在两边的传感器下（交叉路口时会出现）	$U_1 < U_{in} < U_2$	H	H	两个电机同时转（直走）

注：输出U_L/U_R中，H≈VCC，L≈GND。

电机驱动采用最简单的单管开关电路，在这里三极管是工作在简单开关状态。因为"小老鼠"很小巧，运动特别灵活，在拐弯等情况下表现得很好，只需要简单的驱动控制就可以达到很好的控制效果，不需要调节电机的速度。因此在电路中没有采用编程器件，不用PWM信号来控制电机。

在实现的过程中有几点需要注意，因为系统只用了简单的红外对管来进行检测，所以路线不能画得太细，太细的话，会出现"瞎子"的情况，就是"小老鼠"会"看"不到黑色的路线，只会往前走。电路中只用了两对红外对管，所以画的路线不能有弯度太大的弯，最好是抛物线，避免三角形等复杂的路线。路线也并不局限于白底黑线，只要对比度够大，路线颜色够深，"小老鼠"都能按照安排行走自如（如图6-23所示）。

图6-23　自动跟踪路线"小老鼠"工作状况

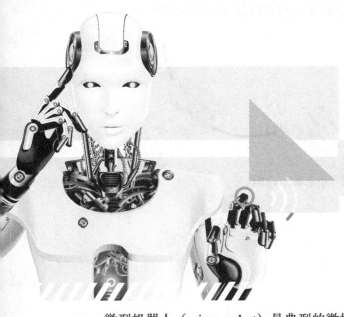

第七章
微型机器人

微型机器人（micro robot）是典型的微机电系统。

20世纪80年代后期，随着科学技术的发展，在生物、医疗科学、遗传工程、精细加工、集成电路制造、光纤对接、CCD对接、航空航天等领域，迫切需要人们开发一些工作对象是微小物体或其位姿微小改变的微细作业技术，这些微细作业直接由人来操作是非常困难的，所以必然要依靠微型机器人来完成，这些需求为微型机器人的出现提供了必要条件。随着晶体压电效应、微/纳米技术及相关技术的发展，以及超磁致伸缩材料的应用，新型微驱动研发的成功也促进了微型机器人学的发展，这些也成为微型机器人发展的重要基础。

微型机器人结构和元器件都微小、精密，可以在人类及其他机器人无法进入的场合下进行定位以及各类微细操作，微型机器人的研究是微机电系统技术发展的一个重要分支，其应用前景十分广泛，已受到国内外学者的高度重视。如：微型管道机器人应用在狭小管道或者缝隙中；纳米级别的微型医用机器人可以在人体内甚至血管等里面进行诊疗；具有隐蔽性的微型军用机器人可以很好地进行侦察工作，大大降低了风险等。

微机电系统技术的研究已经初具规模。作为微机电系统应用的一个重要领域，微型机器人一直受到广泛关注。利用微机电系统技术设计的机器人分为两大类。

① 使结构器件微小化、精密化，以提高定位精度或进行微细操作的机器人，这种机器人称为微型机器人。

② 使机器人本身微小化的微型机器人。

一、国内外微型机器人的发展概况

智能机器人

微型机器人的发展依赖于微加工工艺、微传感器、微驱动器和微结构四个方面。这四个方面的基础研究有三个阶段：器件开发阶段、部件开发阶段、装置和系统开发阶段。现已研制出直径20μm、长150μm的铰链连杆，200μm×200μm的滑块结构，以及微型的齿轮、曲柄、弹簧等。贝尔实验室已开发出一种直径为400μm的齿轮，这种发明使用在一张普通邮票上可以放6万个齿轮和其他微型器件。德国卡尔斯鲁核研究中心的微型机器人研究所，研究出一种新型微加工方法，这种方法是X射线深刻蚀、电铸和塑料膜铸的组合，深刻蚀厚度是10~1000μm。

　　微型机器人的发展，是建立在大规模集成电路制造技术基础上的。微驱动器、微传感器都是在集成电路技术基础上用标准的光刻和化学腐蚀技术制成的。两者之间不同的是集成电路大部分是二维刻蚀的，而微型机器人则完全是三维的。微型机器人和超微型机器人已逐步形成一个牵动众多领域向纵深发展的新兴学科，它的影响力度是相当高的。

　　近年来，采用MEMS（Micro-Electro-Mechanical Systems）技术的微型卫星、微型飞行器和进入狭窄空间的微型机器人展示了诱人的应用前景和军民两用的战略意义。因此，作为微机电系统技术发展方向之一的基于精密机械加工的微型机器人技术研究已成为国际上的一个热点，这方面的研究不仅有强大的市场推动，而且有众多研究机构的参与。以日本和美国为代表的许多国家在这方面开展了大量研究，重点是发展进入工业狭窄空间的微型机器人、进入人体狭窄空间的医疗微型机器人和微型军事机器人。

　　国内在国家自然科学基金、863高技术研究发展计划等的资助下，清华大学、上海交通大学、哈尔滨工业大学、广东工业大学、上海大学等科研院所针对微型机器人和微操作系统进行了大量研究，并分别研制了原理样机。目前国内对微型机器人的研究主要集中在三个领域：

　　① 面向煤气、化工、发电设备细小管道探测的微型机器人；

　　② 针对人体、进入肠道的无创诊疗微型机器人；

　　③ 面向复杂机械系统非拆卸检修的微型机器人。

　　而世界范围内，微型机器人的运用越来越广泛并且出现在很多新领域。为适应信息化、智能化时代发展的大趋势，机器人代替人工进行高强度、高耗时的清洁检修工作，比如为提高短波发射机的清洁检修效率，微型机器人在短波发射机冷却水路清洁中得到应用。

二、微型机器人的分类

　　按照微型机器人的应用领域可将微型机器人分为微型管道机器人、微型医疗机器人和特殊作业微型机器人三大类。

1. 微型管道机器人

　　微型管道机器人是基于狭小空间内的应用背景提出的，其环境特点是在狭小的管状通道或缝隙行走，进行检测、维修等作业。由于与常规条件下管内作业环境有明显不同，其行走方式及结构原理与常规管道机器人也不同，因此按照常规技术手段对管道机器人按比例缩小是不可行的。鉴于此，微型管道机器人的行走方式应另辟蹊径。近年来随着微电子机械技术的发展和晶体压电效应和超磁致伸缩材料磁-机耦合技术应用的发展，新型微驱动器的出现和应用成为现实，微驱动器的研究成果已成为微管道机器人的重要发展基础。

微型管道机器人的运动模型如下：

① 橡胶袋模型：这种模型包含两个用于支撑躯体的气囊和一个可以产生驱动力的气囊，属于气动驱动、蠕动型微型机械，可以在内径为10mm的玻璃管道中移动。这种模型在应用到内诊镜导航系统方面具有一定的潜力。

② 螺旋运动是实际生活中经常会遇到的运动形式，利用这一运动的原理，一些学者设计出了"螺旋原理"微型可移动的机器人。这个模型主体两侧有两个小轮子，其轴与机器人主体纵轴有一定的倾角，当主体绕主轴旋转时，小轮就会沿着管道壁螺旋式运动，而且可以在弯曲管道中运动。Yamayuchi 对此模型加以改进，使其可以通过管内有同心或偏心台阶和管道直径有突变的细管道，并通过实验分析了模型的运动性能。

研究案例：

案例一：日本名古屋大学研制成一种微型管道机器人，可用于细小管道的检测， 在生物医学领域的小空间内做微小工作。这种机器人可以由管道外面的电磁线圈驱动， 而无须以电缆供电。

案例二：日本东京工业大学和NEC公司合作研究的螺旋式管内移动微型机器人，在直管内它的最大运动速度是260mm/s，最大牵引力是12N。

案例三：法国 Anthierens 等人研制出了适用于ϕ16mm管道的蠕动式机器人，此种微型机器人的最大运动速度为5mm/s，负载可达20N，具有很高的运动精度，负载大，但运动速度较慢且结构复杂。

案例四：Versatrax150管道机器人适用于150~2000mm内径、多种规格管道的检查。Versatrax150防水深度为水下30m；动力强劲的驱动履带，如坦克般可以轻松越过管道的淤泥和障碍；提升摄像机高度及改变驱动履带的支撑形状，可形成稳定的三角力矩工作状态；灵活的操纵特性可以在狭窄空间转弯、掉头。Versatrax150适用于多种检查环境，例如下水道，雨水排水沟，水电、核电站设施的检查，以及各种压力容器、炼油厂和煤气公司管道的检查等。Versatrax150管道机器人如图7-1所示。

案例五：哈尔滨工程大学研制的管道机器人，应用螺旋升角的提升原理设计，在驱动力及摩擦力的作用下，与管壁接触的轮子能在内壁上做螺旋上升运动，从而实现在圆管内的行走，其轴径还可以根据管道直径的大小自动改变。据了解，这种机器人可用于管道内部清洗、勘查等。

图7-1　Versatrax150管道机器人

案例六：苏州大学机电工程学院的5名大学生合作发明的一种微型管道机器人，能够深入到核电厂蒸汽发生器的管道内，检查管道的安全状况，避免核泄漏等安全事故的发生。这种微型管道机器人的运动基于谐振原理，只需6V电压驱动，利用机器人体内所带的微型电机带动偏心轮转动产生一定的振动，通过毛刺与管壁非对称的碰撞与摩擦，从而驱动管道机器人运动。因为体积较小，这种微型机器人能轻松地穿行在直径只有2cm的管壁内，不仅能在管道内做水平或垂直运动，就连穿越90°的"L"型弯管也不在话下，最大移动速度达到了40mm/s。在该机器人的头

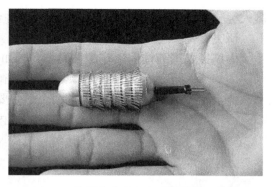

图7-2　苏州大学学生发明的微型机器人

部安装上摄像头等视频设备，工作人员就可以在控制室内安全、仔细地检查核电站蒸汽发生器的众多细小管道。苏州大学学生发明的微型机器人如图7-2所示。

案例七：深圳研发的中央空调清洗机如图7-3所示。

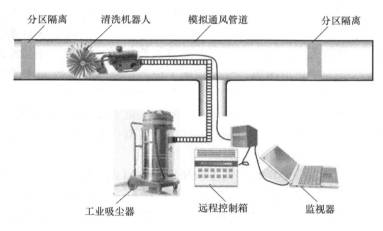

图7-3　深圳研发的中央空调清洗机

2. 微型医疗机器人

近几年来，医疗机器人技术的研究与应用开发进展很快，微型医疗机器人是其中最有发展前途的应用领域。日本制定了采用"机器人外科医生"的计划，并开发能在人体血管中穿行、用于发现并杀死癌细胞的超微型机器人，如图7-4所示。

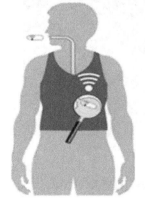

图7-4　微型医疗机器人

美国科学家雷·库兹威尔表示，微型机器人将会首先应用在医学领域，而传统的人工智能的观念将会被彻底颠覆。雷·库兹威尔认为，目前的技术水平已经达到了生产微型机器人的阶段，美国科学家和欧洲科学家已经成功研制出用于人类血管治疗的微型机器人，在不久的将来就会制造出可以在毛细血管里运动的机器人，而这种可以在毛细血管中运动的微型机器人的出现将彻底改变传统观念对人工智能的理解。因为这种通过毛细血管运动的机器人，可以通过毛细血管，进入人类大脑，机器人可以通过控

制人类脑细胞这样更高级的操作，达到一种全新的"人工智能"概念。

研究案例：

内窥镜是当前体内诊疗的主要工具，如图7-5所示。线缆式微型机器人内窥镜系统和无线药丸式微型机器人内窥镜系统是胃肠道微创诊疗发展的两个最主要方向。

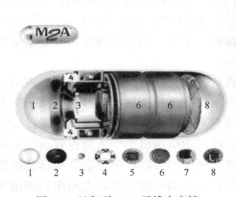

目前体内医疗机器人微小型驱动器的类型大致有以下几种：电磁驱动型、形状记忆合金型（SMA型）、气动型和压电型。

内窥镜诊疗机器人的研究开发，涉及 MEMS、通信、材料、传感器、生物医学、计算机、图像处理等众多领域的技术。其中在四项关键性技术即微型图像传感器（CMOS 或 CCD）技术、无线通信技术、能源技术以及驱动与控制技术方面还有很多工作要做。

图7-5　内窥镜机器人

案例一：无线药丸式内窥镜系统。无线药丸式内窥镜又称胶囊式内窥镜（Capsule Endoscope），它是内窥镜技术的突破，从整体结构上以药丸式取代了传统的线缆插入式，可以吞服的方式进入消化道，实现了真正的无创诊疗，同时也可以实时观察病人消化道图像，大大拓展了全消化道检查的范围和视野。在无线内窥镜系统研究方面，以色列、日本、德国、法国、韩国等国家都在投入巨资进行研发。

以色列 M2A 无线内窥镜如图 7-6 所示，直径 11mm，长 26mm，重 3.7g，视野 140°，放大倍率 1∶8，最小分辨率小于 0.1mm。内部包括微型 CMOS 图像传感器、专用无线通信芯片、照明白光 LED、氧化银电池等。

案例二：哈佛大学 Wyss 生物创新工程研究所和 John A. Paulson 工程与应用科学学院（SEAS）的 Robert Wood 团队开发出一款被称为"milliDelta"的机器人。如图 7-7 所示。milliDelta 每秒最多可完成 75 次运动，以至于摄像头拍到的画面都是模糊的。milliDelta 可以在一个仅 7mm³ 的工作区内操作，可以施加作用力并显示出轨迹，这些都使其成为工业取放过程中精密操控的理想选择，以及进行例如人类视网膜显微手术这样的显微外科手术。

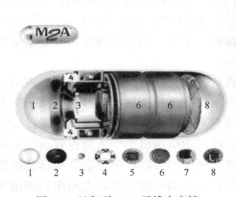

图7-6　以色列 M2A 无线内窥镜

图7-7　"milliDelta"机器人

案例三：中国科学技术大学在国家自然科学基金的资助下研制出了基于压电陶瓷驱

动的多节蛇行游动腹腔手术微型机器人，该机器人将CCD摄像系统、手术器械及智能控制系统安装在微型机器人的端部，通过开在患者腹部的小口，伸入腹腔进行手术。其特点是响应速度快、运动精度高、作用力与动作范围大，每一节可实现两个自由度方向上±60°范围内迅捷而灵活的动作。

案例四：浙江大学也研制出了无损伤医用微型机器人的原理样机。该微型机器人以悬浮方式进入人体内腔（如肠道、食道），可避免对人体内腔有机组织造成损伤，运行速度快，速度控制方便。

案例五：美国马里兰州的约翰·霍普金实验室研制出一种"灵巧药丸"，实际上是装有微型硅温度计和微型电路的微型检测装置，吞入体内后，可以将体内的温度信息发给记录器。瑞典科学家发明了一种大小如英文标点符号的机器人，未来可移动单一细胞或捕捉细菌，进而在人体内进行各种手术。

案例六：国内许多的科研院所主要开展了无创伤微型医疗机器人的研究，取得了一些成果。无创伤微型医疗机器人主要应用于人体内腔的疾病医疗，它可以大大减轻或消除目前临床上使用的各类内窥镜、内注射器、内送药装置等医疗器械给患者带来的严重不适及痛苦。

3. 特殊作业微型机器人的发展

除了上述提到的微型管道机器人和无创伤微型医疗机器人以外，国内外一些科研工作者广泛开展了进行特殊作业微型机器人的研究。这种微型机器人配备相应的传感器和作业装置，在军事和民用方面具有非常好的发展前景。

研究案例：

案例一：美国国家安全实验室制造出的一款机器人，质量不到28g，体积为411cm³，腿机构为皮带传送装置，该机器人可以代替人去完成许多危险的工作。美国海军发明了一种微型城市搜救机器人，该机器人曾在2001年"911"事件发生后的世贸废墟搜救现场大显身手。

案例二：日本三菱电子公司、松下京研究所和Sumitomo电子公司联合研制出只有蚂蚁大小的微型机器人，该机器人可以进入空间非常狭小的环境从事修理工作，身体两侧有两个圆形的连接器可以与其他机器人相连接完成一些特殊的任务。

案例三：由于自然界中的生物具有人类无法比拟的某些机能，因此近年来利用自然界生物的运动行为和某些机能进行机器人设计，实现其灵活控制，受到了机器人学者的广泛重视。国内已有多所高校和科研院所在开展微型仿生机器人方面的研究。上海交通大学基于仿生学原理，利用六套并联平面四连杆机构、微型直流电动机及相应的减速增扭机构研制出了微型六足仿生机器人，体积微小，具有良好的机动性。该机器人长30mm，宽40mm，高20mm，重613g，其步行速度达到3mm/s。上海大学也进行了一些微型仿生机器人的研究工作。

案例四：I-SWARM 微型机器人如图7-8所示。每一个I-SWARM机器人的外形大小只有3mm×3mm×2mm；背上安装有太阳能电池系统为机器人提供能源，电池板下面嵌入了一块非常小的特制放大电路（ASIC, application specific integrated circuit）和一个通信单元以及GPS单元。I-SWARM身体下面长着三条仅有约0.2mm长的"伪肢"。而且每个机器人还安装了一个VCS传感器（vibrating cantelever sensor），VCS主要用于探测周边物体或协同作业的其他机器人以避免相撞。

案例五：2017年7月，哈尔滨工业大学的医疗纳米机器人（如图7-9所示），已经完成了动物实验，预计五年内便可进行临床试验。这种微型机器人体积与细胞相当，可以进入血管、视网膜等传统医疗器械难以到达的地方，从血管内部对变异细胞进行清除。其使用生物相容性材料制成，非常灵活，由外部磁场控制，能以10μm/s的速度游动。并且自身可以把原子级别的药物输入到细胞中。而在完成治疗后，这种机器人依旧会留在血液中，像巡警一样到处巡逻，寻找病毒和癌细胞，最终降解融入血液中。

图7-8　德国I-SWARM 微型机器人

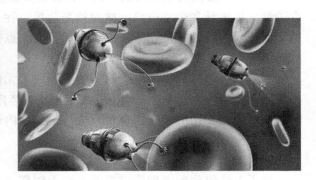

图7-9　医疗纳米机器人

案例六：据英国《每日邮报》2017年10月26日报道，飞行潜水机器人Robobees的质量约为其他同类机器人的1/1000，在潜入水中后能自驱安全着陆。可以用在搜寻搜救、环境监测、生物学习等领域，如图7-10所示。

案例七：2016年，韩国全南大学机械工程系朴锡浩（音）教授团队7月26日表示，在创造未来科学部的支持下研发出了世界上首个可以治疗大肠癌、乳腺癌、胃癌、肝癌、胰腺癌，直径为20μm（相当于头发丝的五分之一）的微型机器人（如图7-11所示）。该机器人的实体是人体免疫细胞之一的"巨噬细胞（macrophage）"。当有异物质进入人体时，巨噬细胞首先吞噬该细胞，从而对人体起到免疫作用。研究人员利用巨噬细胞可吞噬异物质的特性，使其吃掉加入抗癌剂的纳米粒子。相当于是在巨噬细胞体内注入了抗癌剂。可是为什么给吃掉抗癌剂的巨噬细胞贴上"机器人"的名称呢？这是因为像人类

图7-10　飞行潜水机器人Robobees

用遥控器操控机器人的胳膊、腿一样，人类已经掌握了可操纵巨噬细胞的技术。在此技术中起到遥控器作用的是磁场。

研究人员在向纳米粒子中加入抗癌剂的同时也加入了一种氧化铁（Fe_2O_3）粉末。因此如果使其产生磁场，人类就可以操控巨噬细胞的行动。因为如果通过改变电流量或电

极等调节磁场，氧化铁就会向希望的方向转动。肿瘤血管与一般血管不同，内部不规则，所以很难向肿瘤部位注射药物，但利用磁场可以解决此问题。这种机器人甚至可以进入到肿瘤的核心位置。肿瘤的中心部位没有血管，现有的治疗癌症的药物不能进入到肿瘤的中心部位。

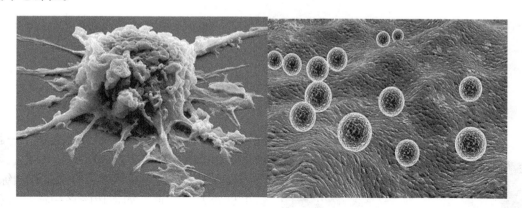

图7-11　韩国抗癌微型机器人和巨噬细胞

案例八：2018年美国麻省理工学院的科学家发明了一种微型机器人（如图7-12所示），只有人类卵细胞那么大，内含二维材料制成的电子线路，可以附着在胶质颗粒上。可用于工业管道的检测和人体健康的诊断。

图7-12　麻省理工学院科学家发明的附着在胶质颗粒上的微型机器人

案例九：2019年，瑞士洛桑联邦理工学院（EPFL）的机器人研究者在蚂蚁的启发下，开发了一种微型机器人：Tribots，如图7-13所示。Tribots 机器人的能力和蚂蚁很像。单个的 Tribots 能够推动比自身更重的物体，跳上数倍于自身尺寸的高度；而当它们聚集成群时，不同的个体之间能够进行交流、合作，共同完成同一个任务，甚至由一个机器人向多个其他个体下达指令，让多个机器人完成协同任务。只不过，机器人之间的交流不需要通过触角进行。在未来的实际应用中，比如执行紧急搜索任务，Tribots 可以被大批量部署到现场。由于机器人数量众多且具备通信能力，他们可以在很大的范围内快速定位目标，而无需依赖GPS。

图 7-13　微型机器人 Tribots

案例十：2019 年，普渡大学研究团队根据蜂鸟的身体构造和行为模式，制造了一款

图 7-14　"蜂鸟机器人"

仿生蜂鸟机器人（如图 7-14 所示）。形态、动作都非常逼真。使用机器学习算法进行训练，仿生机器人"知道"如何像蜂鸟一样自行移动，例如辨别何时执行逃生机动。普渡大学研究团队开发的这款仿生蜂鸟机器人，质量仅为 12g，和一只成年蜂鸟体重相当，却可以举起 27g 的物体。微型蜂鸟机器人靠 AI 算法飞行，可以自动躲避障碍物。团队使用两个电机来独立控制每个机翼，也是借鉴了飞行动物在自然界中实现高度敏捷性机动的原理。

最关键的是，这款蜂鸟机器人使用机器学习进行训练，不仅可以学会蜂鸟的动作，还可以学到蜂鸟做出该动作的意图。

三、微型机器人发展中面临的问题

1. 驱动器的微型化

微驱动器是 MEMS 最主要的部件，从微型机器人的发展来看，微驱动技术起着关键作用，并且是微型机器人发展水平的标志，开发耗能低、结构简单、易于微型化、位移输出和力输出大、线性控制性能好、动态响应快的新型驱动器（高性能压电元件、大扭矩微型电动机）是未来的研究方向。

2. 无线供能和通信

许多执行机构都是通过电能驱动的，但是对于微型移动机器人而言，供应电能的导线会严重影响微型机器人的运动，特别是在曲率变化比较大的环境中。微型机器人发展趋势应是无缆化，能量、控制信号以及检测信号应可以无缆发送、传输。微型机器人要真正实用化，必须解决无缆微波能源和无缆数据传输技术，同时研究开发小尺寸的高容量电池。

3. 可靠性和安全性

目前许多正在研制和开发的微型机器人是以医疗、军事以及核电站为应用背景，在这些十分重要的应用场合，机器人工作的可靠性和安全性是设计人员必须考虑的一个问题，因此要求机器人能够适应所处的环境，并具有故障排除能力。

4. 新型的微机构设计理论及精加工技术

微型机器人和常规机器人相比并不是简单的结构上比例缩小，其发展在一定程度上与微驱动器及精加工技术的发展是密切相关的。同时要求设计者在机构设计理论上进行创新，研究出适合微型机器人的移动机构和移动方式。

5. 高度自治控制系统

微型机器人要完成特定的作业，其自身定位和环境的识别能力是关键。开发微视觉系统，提高微图像处理速度，采用神经网络及人工智能等先进的技术来解决控制系统的高度自治难题是最终实现实用化的关键。

四、微型机器人的未来展望

在已经过去的20世纪，机器人的家族逐渐发展、壮大。在科学技术高度发展的今天，微型机器人将会是机器人发展的一个重要方向，是正在兴起的一个机器人新领域，在民用、军用、科学试验中都有很大的用武之地。微型机器人技术的发展将会在机器人领域引发一场革命，并将会对社会各方面产生重大的影响。

目前各国的研究现状表明，微型机器人大多还处于实验室或原型开发阶段，许多关键的技术没有得到解决，离实用化还有相当的距离，但可以预见，将来微型机器人将广泛出现。我国科研人员要勇于创新，抓住这个前沿课题，将微型机器人技术应用到国民经济建设发展中去。

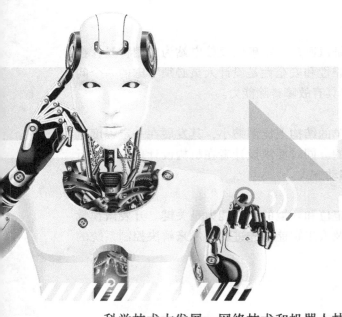

第八章
网络机器人

科学技术大发展，网络技术和机器人技术的融合，使得即使人不在现场，也可以通过获取机器人所处的环境信息并提供补充信息来代替人完成某项工作，提高单个机器人的功能。另外，由于计算机实现了网络化，与此同时原来的智能化系统通过网络就能够和已有的机器人相互连接起来，就能够实现单一智能化系统不能实现的许多服务。这些促进了网络机器人的发展。

网络机器人是一种将不同类型的机器人通过网络协作协调起来实现以单体形式不能完成的服务的机器人。在由网络机器人组成的系统中，包含以下构成要素：

① 至少包含一台机器人；
② 机器人有自主能力；
③ 这个系统通过网络能够和环境中的传感器和人进行协作协调工作；
④ 除机器人之外，环境中也到处有传感器和传动器；
⑤ 人和机器人能够进行相互作用。

一、网络机器人的分类

按应用不同，可以将网络机器人分为可视型、虚拟型和隐蔽型三种。如图8-1所示，可视（实际存在）型机器人例如人形机器人、宠物机器人、玩偶机器人等具有眼睛、头、手和脚等器官，可视型机器人可以通过头部和手部姿势与人们亲切交流。可视型机器人通过自主行动和远距离操作能够完成信息提供、道路向导和引导等许多服务。虚拟型机器人是在网络虚拟空间中活动的机器人，通过手机、PC等，结合计算机图形学实现的姿势与人进行会话交流，通过扬声器振动发声也可以认为是具有传达功能。隐蔽型机器人是由摄像机、激光测距仪等环境传感器群体以及埋设在衣服或身体装饰品内的可穿着传感器等与控制这些传感器的CPU 有机地组合起来的一体化机器人。隐蔽型机器人默默无声地存在于人的周围，能够给其他形式的机器人提供信息。这些机器人共同为人类服务，例如，隐蔽型机器人观察和测试机器人和人周围的信息（如可视型机器人在一楼时，隐蔽型机器人观察测试2楼的信息等），把测试到的结果提供给可视型机器人。可视型机器人正在忙于工作的时候，隐蔽型机器人能够通过附近墙壁内的传感器把信息提供给可视型机器人。虚拟型机器人可以检索互联网上的信息（例如天气预报、股票、新闻等），根据这些信息可视型机器人给人提供有关信息。诸如此类，网络机器人通过各种各样的合作和协作给人提供许多种类的服务。

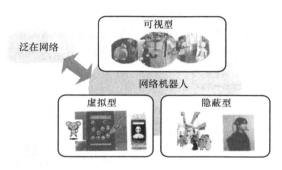

图8-1　网络机器人的三种形式

二、网络机器人的应用

　　目前，网络机器人主要应用于以下几个方面：

　　① 网络爬虫（自动搜索有用网络资源）。爬虫可以验证超链接和HTML代码，用于网络抓取（Web scraping）。网络搜索引擎等站点通过爬虫软件更新自身的网站内容（Web content）或其对其他网站的索引。网络爬虫按照系统结构和实现技术，大致可以分为以下几种类型：通用网络爬虫（General Purpose Web Crawler）、聚焦网络爬虫（Focused Web Crawler）、增量式网络爬虫（Incremental Web Crawler）、深层网络爬虫（Deep Web Crawler）。实际的网络爬虫系统通常是几种爬虫技术相结合实现的。

　　② 游戏机器人（也称外挂，特指网游）。

　　③ 购物机器人。比如，Acses Bookfinder网络机器人可以为每一个搜索请求扫描23个在线书店。著名的BidFind集中于在网上拍卖古董和收藏品。

　　④ 聊天机器人。如QQ里的小冰聊天机器人。

⑤ 客服机器人（日常信息的查询，比如：天气、交通、股票等等）。

三、网络机器人的应用案例

1. 生活娱乐方面和虚拟机器人

案例一：腾讯小Q机器人。2017年腾讯正式发布了第二代的小Q机器人，不过小Q机器人并不是一个真正的机器人，而是一款带有显示屏的智能音箱（如图8-2所示）。它拥有生活、娱乐、教育、通信等丰富的智能语音交互硬件，既可以用作幼儿教育辅助，也可以充当生活小助手。第二代小Q机器人的"脸蛋"是一块全高清触摸屏，除了触屏操作，还可以显示各种表情和炫酷特效，同时该屏幕支持腾讯高清视频内容以及进行视频聊天，还有"天天P图"的人脸识别功能。音频方面，由全球知名声学专家专业调试，超大音腔，声音饱满且流畅。

图8-2　小Q机器人

图8-3　智能语音交互机器人

案例二：智能语音交互机器人。2019年南京硅基智能生产的这款智能语音交互机器人工作效率可达到25倍人效，以五分之一的成本实现五倍的工作量（如图8-3所示）。它能听懂人说什么，同时可以进行良好的商业化交互，可以在银行理财等场景下进行服务。该公司还开展了智慧政务方面的服务，机器人可以回答近三千个问题，它具备24小时永远在线的服务能力。该公司已经研制出，通过讲50句话就能模仿人声的技术。

案例三：随音乐翩翩起舞的Miuro音乐机器人介绍。Miuro是日本ZMP公司为家庭用户打造的全球第一款音乐机器人。曾经科幻世界中的故事如今已逐渐走向现实。Miuro可以自己走路，可以"车载"iPod并播放其中的音乐，可以连接网络播放流媒体音乐，它甚至可以跟随着音乐节奏利用LED灯的闪烁和轮子的滚动来展现一把完全属于自己的舞蹈。如图8-4所示，Miuro的造型颇为别致，整体分为三段，像是将一个圆球一分为二，在中间又放置了另外的一只球形主体。最特别的是这款机器人拥有两只可滚动的轮子，能够在平坦的地面上自由移动，并且会随着音乐节拍的不同而跳出不同的舞步，而且它还配备了一颗摄像头，能够拍摄前方画面，然后通过无线方式将画面传送到电脑，再由用户决定它的下一步行动。

图8-4　Miuro音乐机器人

案例四："涩谷未来"的虚拟网络机器人。近年来，随着语音识别和自然语言处理技术的进步，聊天机器人（Chatbot）以其更友好的体验被看成是人机交互的未来，市场上出现了大量的聊天机器人产品。然而，当前基于知识检索模型或生成模型的聊天机器人远没有达到期望的效果，甚至不实用。伴随着当前Web服务/APIS的大爆发，越来越多基于服务匹配的聊天机器人涌现。其中，一款没有任何现实载体存在的虚拟机器人，来自日本的一个名叫"涩谷未来"的虚拟助手（如图8-5所示），获得了日本政府颁发的特殊居留证，成为世界上第一个被承认社会身份的虚拟机器人。"涩谷未来"由于只是一个虚拟软件，就像世界上最会聊天的机器人一样，没有现实世界的形象，所以他被定义为一名性格开朗、喜欢和人交谈的七岁小男孩，并且还将他设定为一个小学一年级的小学生以及喜欢拍照和关心帮助别人的阳光小男孩，同时让这个没有现实身体的虚拟AI，拥有了现实中的相对应的形象，从资料来看几乎是一个现实中真正存在的人类。这款虚拟机器人是在Line上的一个语音助手，使用者可以在软件上跟它进行对话交流。"涩谷未来"会陪你聊天，回答你的问题，甚至还可以替你美化照片，俨然是一个尽职尽责的小管家。日本涩谷政府此次将居住权授予"涩谷未来"就是想让涩谷的居民和"涩谷未来"进行交流，根据居民的意见来对智能AI的发展政策进行调整。

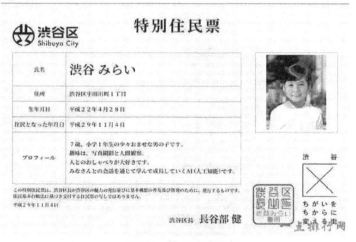

图8-5　"涩谷未来"

案例五：英语聊天机器人。结合我国学生缺少机会去练习英语的现状，越来越多的企业提供良好对话质量的英语聊天机器人用以帮助用户提升英语水平。因为聊天机器人的应用场景为英语练习，则聊天机器人回复质量一定要好，才能促进用户英语水平的提高。通常其主要工作如下：①研究应用于英语聊天机器人的生成模型；②研究应用于英语聊天机器人的检索模型，包括现今最为人熟知的基于深度学习的评分模型；③设计并实现英语聊天机器人系统。来自罗马尼亚的ATi Studios旗下的Mondly Languages，是一款把聊天机器人应用到语言学习中的APP。其2017年推出的VR版本（如图8-6所示），基于机器完全自动的语音检测，让学习者在完全模拟现实生活的对话场景中与机器进行自然对话和学习。

图8-6　Mondly VR的应用场景

2. 远程监控和操作机器人

远程操作的应用较多，例如，偏远地区的远程手术、远程的家庭护理、简单的看护等。然而目前的远程操作技术用于上述的内容，可以说还不太成熟。

案例一：5G远程操控机器人。2018年12月，丰田汽车公司通过与日本NTT DOCO-MO合作，利用5G网络，在约10km外的地方远程成功操控其第三代人形机器人T-HR3，并提供近乎即时的反馈，如图8-7所示。T-HR3演示了一种新的"远程操纵系统"，

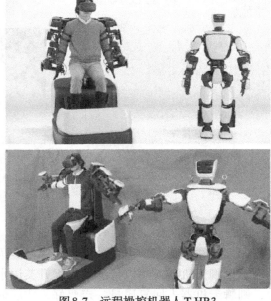

图8-7　远程操控机器人T-HR3

利用机器人外骨骼、HTC VIVE头盔和两个VIVE跟踪器，机器人不仅能同步地做出用户的原样动作，还能让他们通过机器人的"眼睛"看到周围世界，并用机器人的手臂与世界互动。

丰田第三代人形机器人T-HR3从一开始就被设计成由人类远程控制。操作者将自己绑在一个基座上，通过可穿戴的机械手、手臂和脚部控制装置，以及一个头戴式显示器，让操作者能够从机器人的角度观察环境。反过来，机器人会向操作者发送力度反馈，让操作者更好地感知环境，并更安全地操作机器人。

案例二：科学家发明机器人模特，模拟不同体型虚拟试穿。爱沙尼亚一家公司最新推出"网络机器人模型"，掀起了网络购买服装的新时尚。如图8-8所示。

这种机器人模特可由购物者选择不同的体型尺寸，从而实现购物者虚拟试穿。此前，英国衬衫制造公司霍克斯&柯蒂斯曾推出一款男性机器人模特，承诺可实现新一代在线购买衣物模式。"Fits.me虚拟更衣室"是一家爱沙尼亚公司，该公司老板海基·海尔德雷（Heikki Haldre）是此项最新技术的研发者，他说："我们最新推出的女性FitBot机器人模特可调节选择任何尺寸大小的女性身材。这将使女性在网络购买衣服时更加自信，而无需退货。"FitBot机器人是由柔软的面板构成，经过移动变换可形成数千种不同的体型尺寸，从纤细的身材至肥胖的身材。通过网络购买衣服的人们可在网站上选择相应的机器人模特尺寸大小，之后他们将看到机器人模特穿着相应尺寸衣物的照片效果。

案例三：会唱歌写诗的虚拟智能机器人。"花朵在灿烂地绽放，我梦的翅膀飞翔。冰冷的海水浇灌了我的心，循环缠绕温暖我的心窝。"在博鳌亚洲论坛2018年年会科技体验区，一款名叫"小冰"的人工智能产品（如图8-9所示）即兴创作了这首诗。

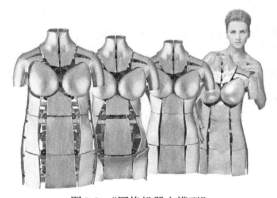

图8-8 "网络机器人模型"

图8-9 能演唱会写诗的机器人"小冰"

"小冰"出生于2014年，是微软研发的面向情商维度发展的人工智能系统。通过科技与情感结合，"小冰"正向人类学习文学、歌唱等艺术创造能力。 不仅如此，"小冰"还可以感知人的位置和移动，看懂动作和表情，还能理解不同的场景、不同的人物身份和性别、年龄、颜值等属性，并做出一系列实时互动反应。

"小冰"还会演唱。它只需要听人类演唱一遍，就能抓住演绎重点，独立完成整首曲子的演唱，目前已发布了《好想你》《在一起》等12首歌曲。不仅如此，文青气质的"小冰"还写了现代诗集《阳光失了玻璃窗》。

据介绍，从用户、数据、感官完备程度和一些核心指标看，"小冰"在全球对话型人

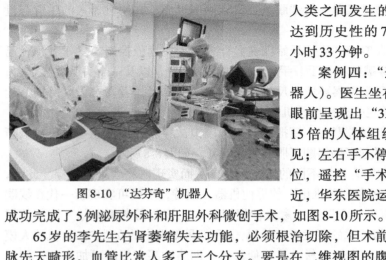

工智能系统中处于领先地位。"小冰"与人类之间发生的最长一次单人连续对话，达到历史性的 7175 轮，不间断进行了 29 小时 33 分钟。

案例四："达芬奇"机器人（手术机器人）。医生坐在远离手术台的控制台上，眼前呈现出"3D"屏幕，比实体大 10 至 15 倍的人体组织层面和解剖结构清晰可见；左右手不停调节控制杆，由此精准定位，遥控"手术刀"完好处理病灶……最近，华东医院运用"达芬奇"机器人先后

图 8-10 "达芬奇"机器人

成功完成了 5 例泌尿外科和肝胆外科微创手术，如图 8-10 所示。

　　65 岁的李先生右肾萎缩失去功能，必须根治切除，但术前检查发现他的右肾供血动脉先天畸形，血管比常人多了三个分支。要是在二维视图的腹腔镜下，医生很难在短时间内找齐三根变异血管，并快速结扎止血，而"达芬奇"机器人对此显得游刃有余。医生先在患者右肾部位打下四个小孔，再顺着小孔伸入四个机器手臂。由于机器手臂上嵌有镜头，小孔内的"景象"一览无余地呈现在屏幕上，从患者的组织结构到每根血管，都清晰可见。手术台下，医生不停操作控制杆，遥控机器手臂；手术台上，机器手臂犹如灵巧的双手，"听话"地将两根变异动脉结扎止血，并以最快速度找到第三根血管一并处理。

　　华东医院微创外科盛璐医生介绍说，"达芬奇"机器人源于美国，它能在狭小的空间内利用三维技术扩大手术视野，能 360° 转动的灵活手臂则超越了传统外科手术的技术极限。

　　网络机器人是机器人技术与网络技术的融合技术，是一种能够实现单体机器人无法完成的服务机器人，一定会成为应用广泛的一项重要技术。

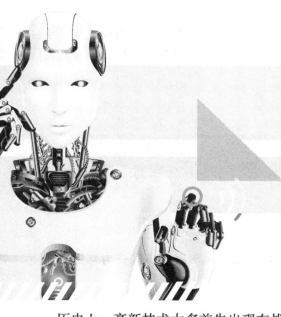

第九章
军用机器人

历史上，高新技术大多首先出现在战场上，军用机器人更不例外。早在第二次世界大战期间，德国人就研制并使用了扫雷及反坦克用的遥控爆破车，美国则研制出了遥控飞行器，这些都是最早的机器人武器。随着科学技术的飞速发展，军用机器人的研制也倍受重视。现代军用机器人的研究首先从美国开始，1966年，美国海军使用机器人"科沃"，潜至750m深的海底，成功地打捞起一枚失落的氢弹。之后，美国、苏联等国又先后研制出"军用航天机器人""危险环境工作机器人""无人驾驶侦察机"等。机器人的战场应用也取得突破性进展。1969年，美国在越南战争中，首次使用机器人驾驶的列车，为运输纵队排险除障，获得巨大成功。自此以后，世界各大国开始竞相"征召"这种不畏危险恶劣环境、可连续工作、不避枪林弹雨、不食人间烟火的"超级战士"服役。

近几十年，军用机器人的发展产生了质的飞跃。在海湾、波黑、科索沃及阿富汗战场上，无人机大显身手；在海洋，机器人帮助人们清除水雷、探索海底的秘密；在地面，机器人为联合国维和部队排除爆炸物、扫除地雷；在宇宙空间，机器人成了考察火星的明星。总之，随着新一代军用机器人自主化、智能化水平的提高并陆续走上战场，"机器人战争"时代已经不太遥远。一种高智能、多功能、反应快、灵活性好、效率高的机器人群体，将逐步接管某些军人的战斗岗位。机器人成建制、有组织地走上战斗第一线已不是什么神话，可以肯定，在未来军队的编制中，将会有"机器人部队"和"机器人兵团"。尸横遍野、血流成河的战斗恐怖景象很可能随着机器人兵团的出现而成为历史。机器人大规模走上战争舞台，将带来军用科学的真正革命。

一、军用机器人的定义

军用机器人（military robot）是一种用于军事领域的具有某种仿人功能的自动机。它可以是一个武器系统，如机器人坦克，也可以是武器系统装备上的一个系统或装置，如军用飞机的"副驾驶员"。

概括说，军用机器人是一种用于完成以往用于人员承担的军用任务的自主式、半自主式或人工遥控的机械电子装置。它是以完成预定战术或战略任务为目标，以智能化信息处理技术和通信技术为核心的智能化武器装备。

二、军用机器人的战场优势

① 较高的智能优势。

② 全方位、全天候的作战能力，在毒气、冲击波、热辐射袭击等极为恶劣的环境下，机器人仍可以泰然处之。

③ 较强的战场生存能力。

④ 绝对服从命令，听从指挥。

⑤ 较低的作战费用。

可见，军用机器人可以代替士兵完成各种极限条件下特殊危险的军用任务，使得战争中绝大多数军人免遭伤害。在未来战争中，自动机器人士兵将成为对敌作战的军用行动的绝对主力。随着军用现代化的迅速发展，在未来战争中用机器人实现对人员安全化、武器智能化的要求必将推动整个军用武器装备的进步。所以，军用机器人的研发具有极为重要的现实意义。2015年"环太军演"期间，与美国海军陆战队一同进行训练的"骡"（MULE）机器人，如图9-1所示。

图9-1 "骡"（MULE）机器人

三、军用机器人的分类

军用机器人可以按照传统部队编制来分类，如按陆、海、空、天等分类；也可按照机器人设计功能进行分类，如分为作战与攻击、侦察与探险、排雷与排爆、防御与安保、后勤与维修、防化与防辐射等。

（1）地面军用机器人 地面军用机器人主要是指智能或遥控的轮式和履带式车辆。它又可分为自主车辆和半自主车辆。自主车辆依靠自身的智能自主导航，躲避障碍物，独立完成各种战斗任务；半自主车辆可在人的监视下自主行驶，在遇到困难时操作人员可以进行遥控干预。

地面军用机器人是军用机器人发展得最早的，也是应用得最多的一类机器人。从理论上讲，军用机器人可以完成任何军用任务，但是受到技术水平等条件的限制，当今的地面军用机器人主要完成以下任务：排爆、扫雷、清障、侦察以及安保等。地面军用机器人实物图，如图9-2~图 9-5所示。

（2）空中无人飞行器　空中无人飞行器即无人机是一种有动力的飞行器，它不载有操作人员，由空气动力装置提供提升动力，采用自主飞行或遥控驾驶方式，可以一次性使用或重复使用，并能够携带各种任务载荷。广义的军用无人机系统不仅指一个飞行平台，它是一种复杂的综合系统设备，主要由飞行器、任务载荷、数传/通信系统和地面站等4个部分组成。全球负有盛名的几种空中无人飞行器，如图9-6~图9-9所示。

图9-2　加拿大排爆机器人

图9-3　美国扫雷机器人M160

图9-4　可以发出毫米波射线的主动驱逐系统

图9-5　以色列摩尔工业公司炮塔战斗机器人

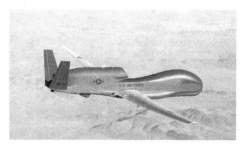

图9-6　美国"全球鹰"无人机

图9-7　英国"雷电之神"无人机

图9-8　以色列"赫尔墨斯"无人机　　　　图9-9　中国"翼龙2"无人机

（3）水下军用机器人　水下军用机器人即无人潜水器。它是一个水下高技术仪器设备的集成体，除集成水下机器人载体的推进、控制、动力电源、导航等仪器、设备外，还需根据应用目的的不同，配备声、光、电等不同类型的探测仪器。它可适用于长时间、大范围的侦察、维修、攻击和排险等军用任务。水下军用机器人实物图，如图9-10、图9-11所示。

图9-10　辽宁舰军用水下探伤机器人　　　图9-11　韩国水陆两栖六足机器人Crabster

（4）太空机器人　太空机器人是一种轻型遥控机器人，是一种在航天器或空间站上作业的具有智能的通用机械系统。太空机器人具有机械臂和电脑，能实现感知、推理和决策等功能，可以像人一样在事先未知的空间环境下完成各种任务。德国人工智能研究中心和不莱梅大学联合开发的iStruct类人猿机器人如图9-12所示，加拿大为NASA的"月球门户计划"提供的机械臂如图9-13所示。

图9-12　iStruct机器人　　　　　　　　图9-13　"月球门户计划"机械臂

军用机器人的应用分类远远不止这些，美国情报部门正在考虑发展室内外的间谍机器人，DARPA（美国国防部高级研究计划局）计划中还包括生产一种水陆两用机器人等。机器人技术在军事上的应用可能改变未来战场的作战方式。我国对此产生了极大的关注，积极应对新的技术革命对现代战争的影响，发展我国的军用机器人。

四、现代军用机器人的作用

① 延伸作战领域空间，降低人员伤亡。

现代军用机器人由于融入人工智能技术，在不少方面具备了自治作战的能力，能够承担那些对人来说无法涉足的最危险、最艰苦的战斗任务。随着自治无人驾驶飞机、无人潜艇、太空机器人相继开发与应用，作战范围已扩大到高空、深海和太空等领域，因此促进了世界各军用大国在军用机器人领域竞相发展和使用，并将军用机器人作为作战力量的一部分编入军队之中，用来代替人完成部分作战任务。

② 显著提升作战效能，降低作战成本。

所谓无人，即武器系统不载人，指挥、控制和决策人员将在战场外通过C4ISR网络控制战争的进程。无人战争不仅可以极大地减少人员伤亡和资源浪费，同时有可能达到有人战争无法实现的效果。这不但能远距离实施无人打击，而且能打敌要害，戳敌死穴；不仅可以打击敌人战术目标，而且可以超视距打击敌人的战役、战略纵深内的重要目标。

③ 增强作战部队的灵活性和机动性，适应反恐特殊作战。

现代机器人门类品种繁多，战场适应能力强，而且各种环境都能使用，各种类型战争都能使用，既可以硬杀伤又可以软杀伤，既可以独立作战也可以协同作战，既可以单个突防又可以集群突防、密集突防，而且具有全天候、全天时、全方位打击的能力。城市巷战的主要特点是敌我双方无明显的战线，胶着、僵持、割据使战争的态势变得错综复杂。无人侦察机、无人作战机器人的出现和战场应用使拥有大量无人武器装备和先进侦察装备的一方，基本实现巷战作战态势的单向透明，减少了城市巷战中不可回避的大量人员伤亡，对消灭敌方的有效抵抗、形成巨大的心理震撼都有非常重要的作用。

④ 提升常规武器的综合威慑力。

现代机器人的军用应用广泛，战场侦察、通信中继、电子对抗、战损评估、作战攻击、防御安保、防爆排险等，几乎涵盖了作战需求的全部领域。随着其平台控制的智能化、综合化、一体化和标准化，军用机器人集群的作战构想已不是海市蜃楼。特别是利用无人飞机集群进入敌方纵深、恶劣环境下的突击作战，可起到出奇制胜的威慑作用。这种作战方式适应瞬息万变的战场态势，可对敌方的大规模军用行动进行侦察、定位、攻击引导、精确打击和评估，可极大地提高远程导弹的命中率，对敌方士兵产生巨大的心理威慑力量，其效果并不亚于核威慑。它的出现与发展必将对未来战场的作战方式和特征产生重大影响。

⑤ 推动武器装备的智能化。

现代军用机器人无疑是智能武器的代表，在其开发应用的过程中可以不断产生新的技术和知识，移植到其他武器装备上，推动它们向智能化发展。可以预期，随着军用机器人的智能化技术的不断创新，必将带动整个军用无人控制系统的智能化发展，也将推动有人控制系统武器装备的进步，使武器装备的自主控制能力达到一个新水平。

五、军用机器人发展现状

① 军用机器人已进入实战应用，显示威力。

例如，北约联合部队在波黑的扫雷行动中，豹式扫雷车（如图9-14所示）在2天之内扫除了71颗杀伤地雷。该机器人在6小时内的扫雷面积相当于30个有经验的工兵同期内扫雷面积的15~20倍。海湾战争后，美军处理爆炸物工作队所使用的18台清理作业机器人，对清除伊军留下的爆炸装置、哑弹、地雷和建筑物与油井内的炸弹起到了重要作用。1999年科索沃战争中，美国等北约国家的无人侦察机纷纷大显身手。其中，美国投入12架"捕食者"无人机，如图9-15所示，在战区上空昼夜不停地侦察和监视，为北约部队提供了大量实时情报信息。

图9-14　豹式扫雷车

图9-15　"捕食者"无人机

② 军用机器人实战效果示范作用得到军用大国的青睐，纷纷制定长期发展规划。

美国国防部2002年公布了《2002~2027年无人机发展路线图》，计划最终目标是开发能自主承担作战任务的智能化无人机。2004年3月美国国防部又颁布了三军联合开发机器人计划（简称JRPMP），该计划是美军未来战斗系统（FCS）计划中关键的组成部分。另外，美国海军也于2004年11月公布了无人深海潜艇开发计划（UUV），该计划是以提升美国海军作战能力为主要目标，以支撑美国国防转型为发展战略，从而保持世界最强大海上军用力量。美国宇航局（NASA）从1997年开始就执行一个10年的空间机器人开发计划，现已取得多项成果。此外，其他发达国家也根据本国的特长制定开发计划，或与美国联合开发部分军用机器人。例如，加拿大、法国、德国、日本均参加了美军联合机器人开发计划。美国空间站机器人如图9-16所示。

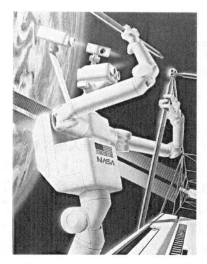

图9-16　美国空间站机器人

③ 从"概念研究"进入到"实战开发"。

20世纪80年代前，军用机器人的研究大多局限在"概念武器"范畴，随着计算机智能技术和传感器技术的发展，80年代后期开始开发用于空中、地面、水下侦察、监视等军用目的的机器人。这类机器人已成为美、日、俄、德等国机器人发展的重点，它们的智能与人的智能之间的差距正在日益缩小。例如：在陆上有用于弹药搬运、装卸、站岗、放哨、警戒、巡逻、侦察的机器人，用于在恶劣地形与危险情况下抢救、防化、布雷、排雷和处理爆炸物的机器人，用于在核、生物、化学战等环境下维修车辆、驾驶坦克和其他战斗车辆进行战斗的机器人；在海上有用于深水打捞、水下探测、海上救援、海上巡逻、布设水雷和排除水雷的机器人；在空中有用于情报侦察、照相、电子战、对地攻击和执行试验等任务的机器人（一般称为无人驾驶飞行器）；在航天领域有用于月球探测、在轨道上修理或回收人造卫星的遥控机器人等。现代军用机器人已从"概念研究"进入到"实战开发"阶段。

④ 科研管理工程化、产品开发标准化、生产制造规模化。

现代军用机器人开发涉及众多高科技领域，是一项包含很多基础学科的大科学工程，不但需要坚实的技术基础，也需要强有力的科研管理与决策，这对保证一项系统工程的成功是非常必要的。例如，美军成立了联合机器人项目协调员的组织，负责监督国防部的联合机器人项目实施，并对跨军种的机器人研究开发工作进行监督、投资以及项目指导。美军为加快开发进程的一项重大措施就是实施标准化设计。目前，军用机器人是在美军新军事变革大背景下，以提高作战能力为宗旨的指导思想推动下开展大规模研制和生产准备。例如，波音公司正在按照"作战能力"的要求进行重组，以适应能够规模化制造各种陆地和空中平台（包括无人平台）的需求。

六、各国军用机器人研究计划

1. 美国军用机器人研究计划

目前，美国军用机器人技术无论是在基础技术、系统开发、生产配套方面，还是在技术转化和实战应用经验上都处于世界超前领先地位。美国军用机器人开发与应用涵盖陆、海、空、天等各兵种，是世界唯一具有综合开发、试验和实战应用能力的国家。美国在2007年12月18日发布了《无人（驾驶）系统路线图》（Unmanned Systems Roadmap，包括无人机系统、无人地面系统、无人水下系统）。该路线图提供了全方位国防对无人系统及其相关技术的愿景。美国国防部提出：无人系统将继续承担更多的"枯燥的、脏的和危险的"军用任务，但在可以预见的将来，大多数需求仍将由有人驾驶平台来完成。

（1）地面军用机器人 尽管目前英、德、法等国均已研制出多种型号的地面无人作战平台，但是美国正在开展到目前为止最复杂和最前沿的工作。美国国防部甚至宣布，即将组建"机器人军队"。美国军方列入研究计划的各类军用机器人如下。

① 联合机器人计划（JRP），旨在消除重复性的机器人系统研制工作，并研制和部署无人地面车辆系统。

② 室外移动评估探测和响应系统（MDARS-E），项目将为陆军提供一种能够在室外环境中（如仓库、军品储存区、军械库、石油储存区、机场、车站、弹药补给站、港口、工业材料库）执行半自主随机巡逻和监视任务的安全车。

③ 陆军研究实验室投资的机器人合作技术联盟项目，目的是通过基础研究和应用研究来开发和评定机器人技术，并将该技术转化成其他应用。

④ 车辆电子技术集成（VTI）项目，又称"机器人跟随车和乘员自动化试验台"（CAT），由美国陆军坦克车辆研发中心（TARDEC）主持，这些平台能以伴随模式使用同类自主机器人车辆完成护卫任务。

⑤ 基本未爆弹药处理系统（BUGS）项目，用于提供和演示机器人小组在地表未爆弹药处理任务中自主和协作作业。该项目是一项概念验证项目。

⑥ 越野机器人感知项目，研究和评估先进的运算法则和无人地面车辆传感器的系统试验。

⑦ 未来作战系统（FCS），这是美国陆军现代化的重要部分。"未来作战系统"的核心部分是高科技坦克、战术机器人以及网络化的指挥与控制系统。

典型案例：一个形似机械狗的四足机器人被命名为"大狗"（Bigdog），如图9-17。"大狗"——最先进的复杂地形机器人，由麻省理工学院的科学家创建的波士顿动力公司（Boston Dynamics）研发，该公司是美国国防部高级研究计划局（DARPA）授权的军工企业，专门研发像动物一样运动的机器人。"大狗"不仅仅可以跋山涉水，还可以承载较重负荷的货物，而且这种机械狗可能比人类跑得都快。"大狗"的四条腿完全模仿动物的四肢设计，内部安装有特制的减震装置。机器人的长度为1m，高70cm，质量为75kg，从外形上看，它基本上相当于一条真正的大狗。"大狗"机器人的内部安装有一台计算机，可根据环境的变化调整行进姿态，而大量的传感器则能够保障操作人员实时地跟踪"大狗"的位置并监测其系统状况。这种机器人的行进速度可达到7km/h，能够攀越35°的斜坡。它可携带质量超过150kg的武器和其他物资。"大狗"既可以自行沿着预先设定的简单路线行进，也可以进行远程控制。"大狗"机器人被称为"当前世界上最先进的适应崎岖地形的机器人"。

2019年1月，据美国防务新闻网站报道，美军已经在东乌前线部署了军用机器人，如图9-18，并已经投入实战。这些机器人不仅能对付危险爆炸物、突破雷区，从描述看，其甚至安装有武器，具备对抗俄混合部队人员的能力，突破对方拦截。这些美军机器人表现极为优秀，以至于俄军相关方面命令不惜一切代价，也要缴获一台用于研究。

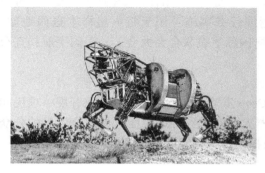 

图9-17　Bigdog（"大狗"机器人）　　　　图9-18　美国东乌前线部署的军用机器人

（2）空中机器人　世界无人机的发展基本上是以美国为主线向前推进的，纵观无人机发展的历史，可以说现代战争是推动无人机发展的动力，而无人机对现代战争的影响也越来越大。一次和二次世界大战期间，尽管出现并使用了无人机，但由于技术水平低下，无人机并未发挥重大作用。朝鲜战争中美国使用了无人侦察机和攻击机，不过数量有限。在随后的越南战争、中东战争中，无人机已成为必不可少的武器系统。而在海湾战争、波黑战争及科索沃战争中，无人机更成为了主要的侦察机种。1993年5月，美国国防部公布了无人驾驶飞机（UAV）总体规划。其中的一部分就是发展一种全面、综合、有效的无人驾驶侦察机，使之成为空中平台，以满足21世纪作战的需要。2005年8月，美国国防部发布了第三版《无人机系统路线图2005—2030》，详细、全面地阐述了美国各种用途的无人机研制、作战使用情况，说明了美国对无人机的未来需求、技术实现途径、未来的发展规划和设想。

（3）水下机器人　最早的无人水下潜航器（UUV）出现在20世纪60年代，但在较长的时间里只见于民用，主要用于代替潜水员进行深水勘探、沉船打捞和水下电缆铺设及维修。直到20世纪90年代中期，或许是受到美军无人机使用效果的启发，美海军想到了要用无人水下潜航器来解决水下侦察、通信和反潜、反水雷作战中遇到的新问题。1999年，美海军提出第一个UUV发展计划。2002年，美海军要求UUV与无人机具有通用性，提高操作自主性水平。2004年5月，美海军按照新的水面与水下联合作战的思想要求，修订了UUV发展计划，强调提高UUV与潜艇、水面舰艇信息连接的能力。仅仅过去几个月，到2005年1月23日，美海军又制定出新的UUV发展规划，即《无人水下潜航器UUV总体规划》，明确了无人水下潜航器的使命，以及海军希望这种新兴武器应当具有的能力，同时指明了鼓励工业部门参与新型无人潜艇的研制。该规划为美国无人水下潜航器的研制进一步确立了方向，使其提高到与无人机、无人战车和机器士兵的研究同等重要的位置。

（4）空间机器人

① 火星探测计划。

美国国家航空航天局（NASA）已经开始了一项名为火星样本返回计划的火星探测计划。该计划由2001~2011年的一系列计划组成，空间局具体负责实施。美国的火星样本取回任务于2013年实施，于2016年将0.5kg左右的火星土壤和岩芯样本送回地球做进一步研究。采集样本以后，样本将会被一枚小型火箭发射到火星轨道，与返回装置对接，然后由它将样本一次性送回地球。2018年的火星任务是一个着陆器，用于寻找火星上可能存在生命的证据。2020年会有更多的样本返回任务实施，用于将火星样本送回地球。2007年在印度南部城市海得拉巴举行的第58届国际宇航联合会大会上，美国宇航局宣布计划在2037年派宇航员登上火星。

② 月球探测计划。

卡内基梅隆大学（CMU）与美国的LunaCrop公司在NASA的特许下将开展一项民间的月球合作项目。该计划将把两个遥操作机器人车发射到月球表面，并向全世界的公众传回月球表面的现场图像，主要目的是向公众提供参与空间考察的机会。

2. 德国军用机器人研究计划

在二战中，德国就研制了数千辆遥控无人自爆式坦克，这是无人战车的最早雏形。目前，德国正着力进行遥控车辆的技术研究，并重点研究用于装备方面的自主系统的图像分析及专家系统。德国在20世纪80年代中期就提出了要向高级的、带感知的智能型机器人转移的目标。经过多年的努力，其智能地面无人作战平台的研究和应用方面在世界上处于公认的领先地位。由德国联邦国防部和联邦国防技术与采购局共同制定的智能机动无人系统计划（PRIMUS）是德国目前正在实施的最重要的地面无人车辆项目，该项目以数字化"鼬鼠Ⅱ"装甲车为试验平台，目标是开发通用的功能模块，以便根据不同的任务选择相应的基本功能模块组成各种优化系统。德国在欧洲各国的反水雷战方面处于领先地位，德国的STN、HDW等几家公司正在为德国海军研制一种用于反潜战的水下无人航行体TCM/TAU 2000鱼雷对抗系统。2000年4月，由德国完成的北约"2015年海军作战的水雷战先进概念研究"提出了反水雷的3个主要领域：保护海上交通线及在恶劣的浅水环境中港口的畅通；在较深的海岸水域中，保护航母作战群和其他高价值的部队；准备直到拍岸浪区的两栖攻击。德国海军下一个专业反水雷舰队的改造计划叫MJ334（原称为MJ2000），计划把过去的扫雷舰改造成为猎雷舰，总经费为2.5亿美元，目的是尽量减少、消除水雷对人员及装备的威胁。2013年德国不莱梅大学与德国人工智能研究中心研发新型探月机器人，如图9-19所示，该机器人可执行在月球寻找水源等任务，装备的"CREX"六足攀爬系统可适应多种地形。该项计划由德国经济部斥资370万欧元研发，将于德国人工智能研究中心内的模拟月球场地进行测试。

图 9-19　德国新型探月机器人

3. 英国军用机器人研究计划

英国开展地面无人作战平台研制的时间较长，早在 20 世纪 60 年代末，英国 Hall Automation 公司就研制出自己的机器人 RAMP。20 世纪 70 年代初期，由于英国政府科学研究委员会对地面无人作战平台实行了限制发展的严厉措施，因而地面无人作战平台工业一蹶不振。但是，国际上地面无人作战平台工业蓬勃发展的形势很快使英政府转而采取支持态度，推行并实施了一系列支持地面无人作战平台发展的政策和措施，使英国地面无人作战平台开始了大力研制及广泛应用的兴盛时期，特别是履带式"手推车"及"超级手推车"排爆机器人已经装备 50 多个国家的军警机构。英国地面军用机器人的研究方针是由遥控机器人走向自主机器人。目前英国主要研究项目有："地雷探测、标识和处理计划"（MINDER），"小猎犬"战斗工程牵引车（CET）和可突破壕沟、雷区等多种障碍物的未来工程坦克（FET）。英国还参加了欧盟的一项合作研究，为欧盟开发一个试验型 AUV，该 AUV 被称为海豚（Dolphin），其工作深度为 6000m，据称其续航里程很长，能从英国航行到美国，并搜集海洋数据。此外，英国海军"未来型攻击潜艇"将携带非常具有代表性的"马林"水下无人艇。无人水下航行器（UUV）如图 9-20 所示，履带式"手推车"如图 9-21 所示。2016 年英国透露国防创新发展计划，其中包括研发机器人蜻蜓侦测系统、激光武器、虚拟现实训练头盔以及量子重力仪等尖端产品。英国国防部为此专门成立了创新与研究洞察局（IRIS），旨在加速新系统从实验室走向战场的转变，并且确定单新兴技术是否有潜在的军事价值。

图 9-20　无人水下航行器（UUV）

图 9-21　履带式"手推车"

4. 俄罗斯军用机器人研究计划

航天飞行方面，肩负俄罗斯载人登月计划希望的新一代载人飞船"联邦"号于2009年开始研发，旨在运送人员和货物到月球，并计划于2021年进行首次自主无人飞行试验，届时名叫"费多尔"的机器人将成为飞船的首位乘客。"联邦"号飞船首次载人飞行预计将于2023年实现。

地面军用机器人方面，为应对美国等北约国家在前线投入的各种武器，俄罗斯作为能够与美国在军事力量上扳手腕的大国，近年发明了"天王星6"，该军用扫雷机器人是俄军根据M160的主要技术再设计的。该机器人全长3m、全重为5t左右（不加挂扫雷工具时），配有一台改进型的六缸水冷涡轮增压柴油发动机，遥控距离为1.5km。"天王星6"的工作时间可达16h，每小时可清除约2000m²的雷区，通过改良后，该机器人上面还搭载了先进的地雷/炸弹计算机分析仪器，能够自主识别出其前进道路上的未爆炸弹和地雷。更值得一提的是，该机器人的车体同样由装甲制成，厚度大概在8~10mm之间，加之其车载的各类设备也进行了加固和防震处理，故而能有效防止地雷或炸弹爆炸时产生的破片或冲击波对其自身造成的损害。

图9-22 俄罗斯扫雷机器人"天王星6"

5. 法国军用机器人研究计划

法国是欧洲研制地面机器人的主要国家之一，不仅在地面无人作战平台拥有量上居于世界前列，而且在地面无人作战平台应用水平和应用范围上处于世界先进水平。法国国防部曾召开未来战场上的机器人研讨会，计划在数年时间内研制大量的警戒机器人和空军基地低空防御机器人。

防务博客2019年7月6日报道，法国防务公司SD4E目前正在推进其独特的机器人研发计划，该机器人在不久的将来可以取代战场上的狙击手。

新的无人地面狙击系统被称为"Snibot"——狙击手和机器人的结合（如图9-23所示）。它的一个主要特点是具有精确射击的能力，可以在不杀死目标的情况下使其失去作战能力。SD4E公司发言人称，该机器人可以在200~300m范围内做到超精确射击——精确到狙击手无法企及的程度。它使用特殊的软件代码和设备来补偿天气、风向、目标运动轨迹和其他可能降低精度的因素。

图9-23　无人地面狙击系统"Snibot"

6. 日本军用机器人研究计划

日本长期一贯将机器人技术列入国家的研究计划和重大项目。日本自卫队已完成了一项机器人野战应用可行性的研究，制定了一项10年研究计划。计划分为近期、中期及长期三个阶段。近期计划的目标是开发探雷及排雷机器人；中期目标是使机器人在不平的地面行驶，并具有半自主控制能力；长期目标是推进特别研究。1991年，日本技术研究本部第四研究所开始地面军用机器人研究。他们的目标是，研究出一种机器人，使之具有类似坦克的功能，并可在各种地形上自主决策行驶。农林水产省、国土交通省、文化科学省等提出了安全、安保和救援、排雷、医疗外科机器人技术研发计划。仅2004年，日本就投资60亿日元用于机器人技术的研发。由此可以看出，21世纪日本机器人技术研发又进入一个新阶段。日本的UUV技术主要用于地震预报、海洋开发（如：水下采矿、海底石油和天然气的开发等）和灭雷具的ROV研制，参与部门和机构包括日本科学技术中心（JAMSTEC）、国际贸易工业部、运输部、建设部、机器人技术协会、日本深海技术协会等。日本耗资六千万美元建造的Kalko ROV现在已经能下潜到世界上最深的海底。

2015年1月23日，日本政府公布了《机器人新战略》。该战略首先列举了欧美与中国在机器人技术方面的赶超，以及互联网企业涉足传统机器人产业带来的剧变。这些变化，将使机器人开始应用海量数据实现自律化，使机器人之间实现网络化，物联网时代也将随之真正到来。日本政府意识到，如果不推出战略规划对机器人技术加以积极推动的话，将威胁日本作为机器人大国的地位。日本《机器人新战略》提出三大核心目标，即："世界机器人创新基地""世界第一的机器人应用国家""迈向世界领先的机器人新时代"。

7. 意大利军用机器人研究计划

意大利重视联合开发军用机器人技术，它与法国和西班牙联合开发"先进的移动式机器人"（AMR），并且还独自制定了本国的军用机器人发展计划。AMR计划准备研发AMR1型及AMR2型两种既可军用又可民用的机器人。AMR1型是一种野外快速巡逻机器人，主要任务是运送AMR2型机器人和进行监测工作。AMR2是一种能在复杂堆积物地方爬行的机器人，它可遥控也可自主控制。

8. 中国军用机器人研究计划

我国政府一直非常重视军用机器人技术的研究与开发，在《国家中长期科学和技术发展规划纲要（2006—2020)》《中华人民共和国国民经济和社会发展第十一个五年规划纲要》《国家"十一五"科学技术发展规划》《国家高技术研究计划（863计划）"十一五"发展纲要》《国务院关于加快振兴装备制造业的若干意见》和《国家863计划先进制造技术领域"十一五"发展战略》中都有体现，并在国家863计划、国家自然科学基金、原国防科工委预研项目中予以重点支持。经过国家计划的实施，我国在军用机器人技术方面尤其人工智能机器人方面的研究取得了突破性的进展，缩短了同发达国家之间的差距。但在机器人核心及关键技术的原创性研究、高可靠性基础功能部件的批量生产应用等方面，同发达国家相比我国仍存在差距。

我国首款定型的作战机器人如图9-24所示

图9-24　我国首款定型的作战机器人（适应多种环境的小型作战平台）

七、军用机器人未来的发展趋势

从新军事变革看未来战场对军用机器人的应用要求，未来军用机器人发展趋势是：其一，陆、海、空、天协同作战；即要求在各军种分层次立体化发展；其二，非对称作战，战术灵活多变，即一方面要求其微型化，以便适合于单兵使用，另一方面则要求大型化，以便能携带足够多的任务载荷，适应多种战术需要；其三，获取"制信息权"，即机器人在功能上要求从传感器一直到武器投放整个战争链环节无所不包，并能形成网络，组成机器人作战群；其四，AI和无人化，军用机器人运用人工智能的需求越来越高，一些危险作战将大量使用高智能的无人军用机器人。总之，就是要求它们充斥在战场的各个角落，既能独立执行任务，又能协同进行作战，同时还要保证有足够的自主能力、足够的可靠性和足够的抗毁性。综合起来说，随着计算机芯片的不断更新，计算机的信息存储密度已超过了人脑神经细胞的密度，军用机器人将会有较高的智能优势。此外，先进技术在机械系统、传感器、处理器、控制系统上的大量应用，将使军用机器人在指挥决策者通过控制系统对其下达指令后，即可迅速做出反应，并能完全自主地完成作战任务。

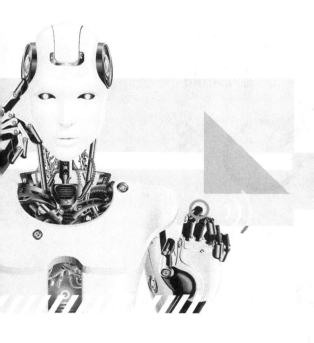

第十章
机器人传感器、驱动器和控制器

一、机器人传感器

  机器人是由计算机控制的复杂机器，动作程序灵活，有一定程度的智能，在工作时可以不依赖人的操纵。这是因为机器人传感器在机器人的控制中起了非常重要的作用，正因为有了传感器，机器人才具备了类似人类的知觉功能和反应能力。

  传感器技术已成为当前机器人研究中重要课题之一。一方面传感器的使用和发展提高了机器人的水平，促进了机器人技术的深化；另一方面却因为传感技术有许多难题而又抑制、影响了机器人的发展。今后智能化机器人能发展到何种程度，传感器将是关键之一。多传感器信息融合是一门新兴的技术，在机器人领域有着广阔的应用前景。多传感器信息融合技术在工业机器人、机械手爪、飞行机器人、移动机器人、爬行机器人和水下机器人中都广泛应用，从机器人传感器的研制、融合算法、多传感器管理和信息融合仿生机理等多方面都可以总结出机器人多传感器信息融合的发展趋势。

  村田顽童——会骑车的机器人如图10-1所示。

  可以把机器人传感器看成是一种能把机器人目标物特性（或参量）变换为有用信息的装置，它应包括敏感元件、变换电路以及把这两者结合在一起的机构。机器人通过传感器实现类似人类的知觉作用，图10-2为机器人传感的过程。由传感元件把目标物的参量转换为电的信号，经处理后的相应控制信号去操纵机器人的动作。这样使机器人的动作能适应改变的环境。

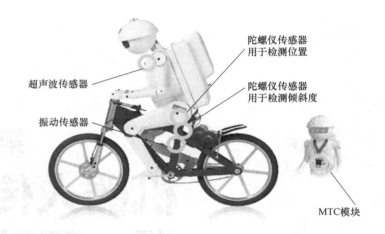

图10-1 村田顽童——会骑车的机器人

图10-2 机器人传感的过程

二、机器人传感器分类

机器人传感器根据检测对象的不同可分为内部传感器和外部传感器。

内部传感器：用来检测机器人本身状态（如手臂间角度）的传感器。多为检测位置和角度的传感器。

外部传感器：用来检测机器人所处环境（如是什么物体，离物体的距离有多远等）及状况（如抓取的物体是否滑落）的传感器。具体有物体识别传感器、接近觉传感器、距离传感器、力觉传感器、听觉传感器等。

根据功能不同机器人传感器可分为视觉传感器、触觉传感器、接近觉传感器、听觉传感器、嗅觉传感器和味觉传感器。如表10-1所示。

表10-1 传感器的分类

传感器	检测内容	检测器件	应用
视觉	平面位置	ITV 摄像机、位置传感器	位置决定、控制
	距 离	测距器	移动控制
	形 状	线图像传感器	物体识别、判别
	缺 陷	面图像传感器	检查、异常检测

传感器	检测内容	检测器件	应用
触觉	接 触 把握力 荷 重 分布压力 多元力 力 矩 滑 动	限制开关 应变计、半导体感压元件 弹簧变位测量器 导电橡胶、感压高分子材料 应变计、半导体感压元件 压阻元件、马达电流计 光学旋转检测器	动作顺序控制 把握力控制 张力控制、指压控制 姿势、形状判别 装配力控制 协调控制 滑动判定、力控制
接近觉	接 近 间 隔 倾 斜	光电开关、LED、激光 光电晶体管、光电二极管 电磁线圈、超声波传感器	动作顺序控制 障碍物躲避 轨迹移动控制、探索
听觉	声 音 超声波	麦克风 超声波传感器	语言控制（人机接口） 移动控制
嗅觉	气体成分	气体传感器、射线传感器	化学成分探测
味觉	味 道	离子敏感器、pH计	化学成分探测

三、几种主要的机器人传感器类型

1. 几种机器人传感器简介

（1）明暗觉

检测内容：是否有光，亮度多少。

应用目的：判断有无对象，并得到定量结果。

传感器件：光敏管、光电断续器。

（2）色觉

检测内容：对象的色彩及浓度。

应用目的：利用颜色识别对象的场合。

传感器件：彩色摄像机、滤波器、彩色CCD。

（3）位置觉

检测内容：物体的位置、角度、距离。

应用目的：确定物体空间位置，判断物体移动。

传感器件：光敏阵列、CCD等。

（4）形状觉

检测内容：物体的外形。

应用目的：提取物体轮廓及固有特征，识别物体。

传感器件：光敏阵列、CCD等。

（5）接触觉

检测内容：与对象是否接触，接触的位置。

应用目的：确定对象位置，识别对象形态，控制速度，安全保障，异常停止，寻径。

传感器件：光电传感器、微动开关、压敏高分子材料。

（6）压觉

检测内容：对物体的压力、握力。

应用目的：控制握力，识别握持物，测量物体弹性。

传感器件：压电元件、导电橡胶、压敏高分子材料。

（7）力觉

检测内容：机器人有关部件（如手指）所受外力及转矩。

应用目的：控制手腕移动，伺服控制。

传感器件：应变片、导电橡胶。

（8）接近觉

检测内容：对象物是否接近，接近距离，对象面的倾斜。

应用目的：控制位置，寻径，安全保障，异常停止。

传感器件：光传感器、气压传感器、超声波传感器、电涡流传感器、霍尔传感器。

（9）滑觉

检测内容：垂直握持面方向物体的位移，重力引起的变形。

应用目的：修正握力，防止打滑，判断物体重量及表面状态。

传感器件：球形接点式传感器、光电旋转传感器、角编码器、振动检测器。

2.几种机器人传感器的发展历程

（1）视觉　20世纪50年代后期出现，发展十分迅速，是机器人中最重要的传感器之一。

机器人视觉从20世纪60年代开始首先处理积木世界，后来发展到处理室外的现实世界。20世纪70年代以后，实用性的视觉系统出现了。

视觉一般包括三个过程：图像获取、图像处理和图像理解。相对而言，图像理解技术还很落后。

（2）力觉　机器人力传感器就安装部位来讲，可以分为关节力传感器、腕力传感器和指力传感器。

国际上对腕力传感器的研究是从20世纪70年代开始的，主要研究单位有美国的DRAPER实验室、SRI研究所、IBM公司和日本的日立公司、东京大学等单位。

（3）触觉　作为视觉的补充，触觉能感知目标物体的表面性能和物理特性：柔软性、硬度、弹性、粗糙度和导热性等。

触觉研究从20世纪80年代初开始，到20世纪90年代初已取得了大量的成果。

（4）接近觉　研究它的目的是使机器人在移动或操作过程中获知目标（障碍）物的接近程度，移动机器人可以实现避障，操作机器人可避免手爪由于接近速度过快造成对目标物的冲击。

（5）听觉

① 特定人的语音识别系统。

特定人的语音识别方法是将事先指定的人的声音中的每一个字音的特征矩阵存储起

来，形成一个标准模板（或叫模板），然后再进行匹配。它首先要记忆一个或几个语音特征，而且被指定人讲话的内容也必须是事先规定好的有限的几句话。特定人语音识别系统可以识别讲话的人是否是事先指定的人，讲的是哪一句话。

② 非特定人的语音识别系统。

非特定人的语音识别系统大致可以分为语言识别系统、单词识别系统，及数字音（0~9）识别系统。非特定人的语音识别方法则需要对一组有代表性的人的语音进行训练，找出同一词音的共性，这种训练往往是开放式的，能对系统进行不断地修正。在系统工作时，将接收到的声音信号用同样的办法求出它们的特征矩阵，再与标准模式相比较，看它与哪个模板相同或相近，从而识别该信号的含义。

四、常用传感器介绍

在机器人设计和应用中，常用的传感器不多，为了提高大家对传感器的认识，本文挑选一些做简单介绍。

1. 超声波传感器

超声波传感器能提供精确的，非接触的，从厘米到米的距离测量。该传感器先发送超声波脉冲，在它接收到反射回的声波后会向控制器返回一个脉冲，测量该脉冲的高电平持续时间即可算得离前方物体的距离。超声波传感器如图10-3所示。

超声波对液体、固体的穿透本领很大，尤其是在不透明的固体中，它可穿透几十米的深度。超声波碰到杂质或分界面会产生显著反射，形成回波，碰到活动物体能产生多普勒效应。因此超声波检测广泛应用在工业、国防、生物医学等方面。

2. 温度传感器

利用物质某种物理性质随温度变化的规律，把温度转换为电量并输出信号的传感器叫温度传感器。温度传感器如图10-4所示，是温度测量仪表的核心部分，品种繁多。温度传感器按测量方式可分为接触式和非接触式两大类，按照传感器材料及电子元件特性分为热电阻和热电偶两类。

图10-3　超声波传感器

图10-4　温度传感器

3. 边线检测传感器

边线检测传感器是一种使用光电接收管来探测它下面的表面反射光强度的传感器。当传感器在一个很暗的表面上时，反射光强度很低；当传感器在一个很亮的表面上时，反射光强度很高，从而导致传感器输出的变化。边线检测传感器如图10-5所示。

4. 红外测距传感器

红外测距传感器利用红外信号遇到障碍物距离的不同反射的强度也不同的原理，进行障碍物远近的检测。红外测距传感器具有一对红外信号发射与接收二极管，发射管发射特定频率的红外信号，接收管接收这种频率的红外信号。当红外信号的检测方向遇到障碍物时，红外信号反射回来被接收管接收，经过处理之后，通过数字传感器接口返回到机器人主机，机器人即可利用红外信号的返回信号来识别周围环境的变化。红外测距传感器如图10-6所示。

5. 红外发射传感器

红外发射传感器即红外线发射传感器，可通过编程发射出调制信号，红外线接收传感器负责接收该调制信号，从而实现红外无线通信。红外发射传感器如图10-7所示。

6. 颜色传感器

颜色传感器是通过将物体颜色同前面已经校准过的参考颜色进行比较来检测颜色，当两个颜色在一定的误差范围内相吻合时，输出检测结果。颜色传感器如图10-8所示。

图10-5　边线检测传感器

图10-6　红外测距传感器

图10-7　红外发射传感器

图10-8　颜色传感器

7. 甲烷传感器

甲烷传感器一般采用载体催化元件为检测元件。该元件产生一个与甲烷的含量成比例的微弱信号，经过多级放大电路放大后产生一个输出信号，送入单片机片内A/D转换输入口，将此模拟量信号转换为数字信号。然后单片机对此信号进行处理，并实现显示、报警等功能。

甲烷传感器应用于气体检测设备，可以探测甲烷浓度，在家庭、机动车以及工业场合都可以应用。这种甲烷传感器可以连接到微控制器上，是一些需要探测甲烷浓度的工程的良好补充。甲烷传感器如图10-9所示。

8. 蓝牙模块

蓝牙模块是一种集成蓝牙功能的PCB板，用于短距离无线通信，按功能分为蓝牙数据模块（如BLK-MD-BC04-B）和蓝牙语音模块（如BLK-MD-SPK-A）。手机或者PC机可以通过蓝牙模块控制教育机器人。蓝牙模块如图10-10所示。

9. 激光传感器

激光传感器是利用激光技术进行测量的传感器。它由激光器、激光检测器和测量电路组成。激光传感器是新型测量仪表，它的优点是能实现无接触远距离测量，速度快，精度高，量程大，抗光、电干扰能力强等。激光传感器如图10-11所示。

10. 指南针模块

指南针模块是一个重要的导航工具，能感应以微特斯拉（micro tesla）为单位的磁场强度，甚至在GPS中也会用到（盲区补偿）。应用范围有：无线和步行机器人方向传感器、袖珍的电子指南针、汽车电子指南针。指南针模块如图10-12所示。

图10-9　甲烷传感器

图10-10　蓝牙模块

图10-11　激光传感器

图10-12　指南针模块

11. 缓冲传感器

缓冲传感器可增加步行机器人的智能化程度，主要用于检测位置较低平的、红外传感器检测不到的物体。缓冲传感器采用两种颜色（红、绿）的指示灯来指示状态，红灯表示脚碰到物体，绿灯表示没碰到物体。缓冲传感器如图10-13所示。

12. 光线传感器

光线传感器是基于半导体的光电效应原理所开发的，其可用来对周围环境光的强度进行检测，结合各种单片机控制器或者控制器可实现光的测量、光的控制和光电转换等功能。光线传感器如图10-14所示。

图10-13　缓冲传感器　　　　　　　　　图10-14　　　光线传感器

13. 红外避障传感器

红外避障传感器是一种集发射与接收于一体的光电传感器。检测距离可以根据要求进行调节。该传感器具有探测距离远、受可见光干扰小、价格便宜、易于装配、使用方便等特点，可以广泛应用于机器人避障、流水生产线计件等众多场合。红外避障传感器如图10-15所示。

14. 火焰传感器

火焰传感器是机器人专门用来搜寻火源的传感器。当然火焰传感器也可以用来检测光线的亮度，只是该传感器对火焰特别灵敏。火焰传感器利用红外线对火焰非常敏感的特点，使用特制的红外线接收管来检测火焰，然后把火焰的亮度转化为高低变化的电平信号，输入到中央处理器中，中央处理器根据信号的变化做出相应的程序处理。火焰传感器如图10-16所示。

图10-15　红外避障传感器　　　　　　　图10-16　　火焰传感器

15. 碰撞开关传感器

碰撞开关传感器是机器人入门学习必备的数字开关量输入模块，通过编程可以实现发光灯控制、发声器控制、LCD显示按键选择功能等。碰撞开关传感器如图10-17所示。

16. 语音识别模块

含特定人的语音识别系统和非特定人的语音识别系统。语音识别模块如图10-18所示。

图 10-17　碰撞开关传感器　　　　　　　　图 10-18　语音识别模块

17. 陀螺仪传感器

陀螺仪传感器是一个简单易用的基于自由空间移动和手势的定位和控制系统。现代陀螺仪是一种能够精确地确定运动物体的方位的仪器，它是现代航空、航海、航天和国防工业中广泛使用的一种惯性导航仪器，它的发展对一个国家的工业、国防和其他高科技的发展具有十分重要的战略意义。陀螺仪传感器如图 10-19 所示。

18. 倾角传感器

倾角传感器经常用于系统的水平测量，从工作原理上可分为"固体摆"式、"液体摆"式、"气体摆"式三种倾角传感器。倾角传感器还可以用来测量相对于水平面的倾角变化量。倾角传感器如图 10-20 所示。

图 10-19　陀螺仪传感器　　　　　　　　图 10-20　倾角传感器

五、机器人驱动器

机器人驱动器（robot actuator）是用来使机器人发出动作的动力机构。机器人驱动器可将电能、液压能和气压能转化为机器人的动力。常见的机器人驱动器主要有以下几种：电机驱动器，包括直流伺服电机、步进电机和交流伺服电机；液压驱动器，包括步进马达和油缸；气动驱动器，包括气缸和气动马达；特种驱动器，包括压电体、超声波马达、橡胶驱动器和形状记忆合金等。

因为机器人驱动器使用最多的是电机驱动器，所以本章节只做电机驱动器的介绍。

1. 直流伺服电机

直流伺服电机，它包括定子、转子铁芯、电机转轴、伺服电机绕组换向器、伺服电机绕组、测速电机绕组、测速电机换向器，所述的转子铁芯由矽钢冲片叠压固定在电机转轴上构成。直流伺服电机如图 10-21 所示。

图10-21　直流伺服电机

（1）直流伺服电机的驱动原理　伺服主要靠脉冲来定位，伺服电机接收到1个脉冲，就会旋转1个脉冲对应的角度，从而实现位移。因为伺服电机本身具备发出脉冲的功能，所以伺服电机每旋转一个角度，就会发出对应数量的脉冲，这样和伺服电机接收的脉冲形成了呼应，或者叫闭环，系统就会知道发了多少脉冲给伺服电机，同时又收了多少脉冲回来，从而精确地控制电机的转动，实现精确的定位，控制精度可以达到0.001mm。

直流伺服电机分为有刷和无刷电机。

有刷直流伺服电机——电机成本低，结构简单，启动转矩大，调速范围宽，控制容易，需要维护，但维护方便（换碳刷），会产生电磁干扰，对环境有要求。因此它可以用于对成本敏感的普通工业和民用场合。

无刷直流伺服电机——电机体积小，重量轻，出力大，响应快，速度高，惯量小，转动平滑，力矩稳定；电机容易实现智能化，其电子换相方式灵活，可以方波换相或正弦波换相；电机免维护，不存在碳刷损耗的情况，效率很高，运行温度低，噪声小，电磁辐射很小，寿命长。因此它可用于各种环境。

按电机惯量大小可分为：

① 小惯量直流电机——印刷电路板的自动钻孔机；

② 中惯量直流电机（宽调速直流电机）——数控机床的进给系统；

③ 大惯量直流电机——数控机床的主轴电机；

④ 特种形式的低惯量直流电机。

（2）直流伺服电机的常见用途

① 各类数字控制系统中的执行机构驱动。

② 需要精确控制恒定转速或需要精确控制转速变化曲线的动力驱动。

2. 步进电机

步进电机是将电脉冲信号转变为角位移或线位移的开环控制元件。在非超载的情况下，电机的转速、停止的位置只取决于脉冲信号的频率和脉冲数，而不受负载变化的影响。当步进驱动器接收到一个脉冲信号，它就驱动步进电机按设定的方向转动一个固定的角度，称为"步距角"，它的旋转是以固定的角度一步一步运行的，可以通过控制脉冲个数来控制角位移量，从而达到准确定位的目的；同时可以通过控制脉冲频率来控制电机转动的速度和加速度，从而达到调速的目的。步进电机如图10-22所示。

步进电机是一种感应电机，它的工作原理是利用电子电路，将直流电变成分时供电的多相时序控制电流，用这种电流为步进电机供电，步进电机才能正常工作。驱动器就是为步进电机分时供电的多相时序控制器。

图10-22 步进电机

虽然步进电机已被广泛地应用，但步进电机并不能像普通的直流电机、交流电机一样在常规下使用。它必须由双环形脉冲信号、功率驱动电路等组成控制系统才能正常工作。因此用好步进电机并非易事，它涉及机械、电机、电子及计算机等许多专业知识。

步进电机作为执行元件，是机电一体化的关键产品之一，广泛应用在各种自动化控制系统中。随着微电子和计算机技术的发展，步进电机的需求量与日俱增，在各个国民经济领域都有应用。

现在比较常用的步进电机包括反应式步进电机（VR）、永磁式步进电机（PM）、混合式步进电机（HB）和单相式步进电机等。

（1）永磁式步进电机 永磁式步进电机一般为两相，转矩和体积较小，步进角一般为7.5°或15°；永磁式步进电机输出力矩大，动态性能好，但步距角大。

（2）反应式步进电机 反应式步进电机一般为三相，可实现大转矩输出，步进角一般为1.5°，但噪声和振动都很大。反应式步进电机的转子磁路由软磁材料制成，定子上有多相励磁绕组，利用磁导的变化产生转矩。

反应式步进电机结构简单，生产成本低，步距角小；但动态性能差。

（3）混合式步进电机 混合式步进电机综合了反应式、永磁式步进电机两者的优点，它的步距角小，出力大，动态性能好，是目前性能最高的步进电机。它有时也称作永磁感应子式步进电机。它又分为两相和五相：两相步进角一般为1.8°，而五相步进角一般为 0.72°。这种步进电机的应用最为广泛。

3. 交流伺服电机

长期以来，在要求调速性能较高的场合，一直占据主导地位的是应用直流电动机的调速系统。但直流电动机都存在一些固有的缺点，如电刷和换向器易磨损，需经常维护；换向器换向时会产生火花，使电动机的最高速度受到限制，也使应用环境受到限制；直流电动机结构复杂，制造困难，所用钢铁材料消耗大，制造成本高。而交流电动机，特别是鼠笼式感应电动机没有上述缺点，且转子惯量较直流电动机小，使得动态响应更好。在同样体积下，交流电动机输出功率可比直流电动机提高10%~70%，此外，交流电动机的容量可比直流电动机造得大，达到更高的电压和转速。现代数控机床都倾向采用交流伺服驱动，交流伺服驱动已有取代直流伺服驱动之势。交流伺服电机如图10-23所示。

图10-23 交流伺服电机

（1）异步型交流伺服电动机 异步型交流伺服电动机指的是交流感应电动机。它有三相和单相之分，也有鼠笼式和线绕式之分，通常多用鼠笼式三相感应电动机。其结构简单，与同容量的直流电动机相比，质量为直流电动机的1/2，价格仅为直流电动机的1/3。缺点是不能经济地实现范围很广的平滑调速，必须从电网吸收滞后的励磁电流，因而令电网功率因数变差。这种鼠笼转子的异步型交流伺服电动机简称为异步型交流伺服电动机，用IM表示。

（2）同步型交流伺服电动机　同步型交流伺服电动机虽较感应电动机复杂，但比直流电动机简单。它的定子与感应电动机一样，都在定子上装有对称三相绕组。其转子却不同，按不同的转子结构又分电磁式及非电磁式两大类。非电磁式又分为磁滞式、永磁式和反应式多种。其中磁滞式和反应式同步电动机存在效率低、功率因数较差、制造容量不大等缺点。数控机床中多用永磁式同步电动机。与电磁式相比，永磁式优点是结构简单、运行可靠、效率较高；缺点是体积大、启动特性欠佳。但永磁式同步电动机采用高剩磁感应、高矫顽力的稀土类磁铁后，可比直流电动机外形尺寸约小1/2，质量减轻60%，转子惯量减到直流电动机的1/5。它与异步电动机相比，由于采用了永磁铁励磁，消除了励磁损耗及有关的杂散损耗，所以效率高。又因为没有电磁式同步电动机所需的集电环和电刷等，其机械可靠性与感应（异步）电动机相同，而功率因数却大大高于感应电动机，从而使永磁同步电动机的体积比感应电动机小些。这是因为在低速时，感应（异步）电动机由于功率因数低，输出同样的有功功率时，它的视在功率却要大得多，而电动机主要尺寸是据视在功率而定的。

（3）交流伺服电机的优良性能

① 控制精度高。

② 矩频特性好。

③ 具有过载能力。

④ 加速性能好。

六、机器人常用舵机介绍

微伺服电机在机器人的应用方面多叫舵机，舵机里面有个小直流电机，电路板相当于电调，用电流控制电机的扭力，正反电压控制电机的正反转动，通过机械齿轮传到舵角上。舵机也有数码舵机与模拟舵机之分。常用舵机如图10-24所示。

传统模拟舵机和数字比例舵机（或称为标准舵机）的电子电路中无MCU微控制器，一般都称为模拟舵机。老式模拟舵机由功率运算放大器等接成惠斯登电桥，根据接收到的模拟电压控制指令和机械连动位置传感器（电位器）反馈电压之间比较产生的差分电压，驱动有刷直流伺服电机正/反运转到指定位置。数字比例舵机是模拟舵机最好的类型，由直流伺服电机、直流伺服电机控制器集成电路（IC）、减速齿轮组和反馈电位器组成，它由直流伺服电机控制芯片直接接收PWM（脉冲方波，一般周期为20ms，脉宽1~2ms，脉宽1ms为上限位置，1.5ms为中位，2ms为下限位置）形式的控制驱动信号，迅速驱动电机执行位置输出直至直流伺服电机控制芯片检测到位置输出连动电位器送来的反馈电压与PWM控制驱动信号的平均有效电压相等时停止电机，完成位置输出。舵机电子电路中带MCU微控制器的俗称为数码舵机，数码舵机凭借比模拟舵机具有反应速度更快，无反应区范围小，定位精度高，抗干扰能力强等优势已逐渐取代模拟舵机，在机器人、航模中得到广泛应用。

图 10-24　常用舵机

市场上的舵机有塑料齿、金属齿、小尺寸、标准尺寸、大尺寸等型号，另外还有薄的标准尺寸舵机，及低重心的型号。小舵机一般称为微型舵机，扭力都比较小，市面上 2.5g、3.7g、4.4g、7g、9g 等舵机指的是舵机的质量分别是多少克，体积和扭力也是逐渐增大。微型舵机内部多数都是塑料齿，9g 舵机有金属齿的型号，扭力也比塑料齿的要大些。futaba S3003、辉盛 MG995 是标准舵机，体积差不多，但前者是塑料齿，后者是金属齿，两者是标称的扭力也差很多。春天 sr403p、Dynamixel AX-12+ 是机器人专用舵机，两者都是金属齿，标称扭力 13kg 以上，但前者是模拟舵机，后者则是 RS-485 串口通信，具有位置反馈，而且还具有速度反馈与温度反馈功能的数字舵机，两者在性能和价格上相差很大。除了体积、外形和扭力的不同选择，舵机的反应速度和虚位也要考虑，一般舵机的标称反应速度常见 0.22s/60°，0.18s/60°，好些的舵机有 0.12s/60° 等的，数值小反应就快。

舵机虚位产生和舵机的扭力和制造工艺有关，扭力大相应的负载范围也大，虚位就相应小，新的普通舵机虚位一般比较小，也就是半个齿的角度，这个是机械加工的精度问题，好的舵机就比较小。但使用了一段时间以后，尤其是大扭矩的舵机，虚位就越来越大了，这个不是齿轮磨损造成的，解剖了几个舵机，发现都是舵机盖的塑料材质不够硬，齿轮的轴都是直接装在这个塑料盖上的，时间一长，这几个孔都被扩大成椭圆形，一扳摇臂，齿轮的轴就会左右晃动，虚位就产生了。

现在市面上的舵机种类很多，有仿品和正品，有便宜的和贵的，有塑料齿和金属齿的，有老款的和新款的，有国内的和进口的，大家不必过于追求极致，根据自身购买力和需求选择适用的就好。

七、SH15-M舵机介绍

1. SH15-M舵机尺寸

如图 10-25 所示。

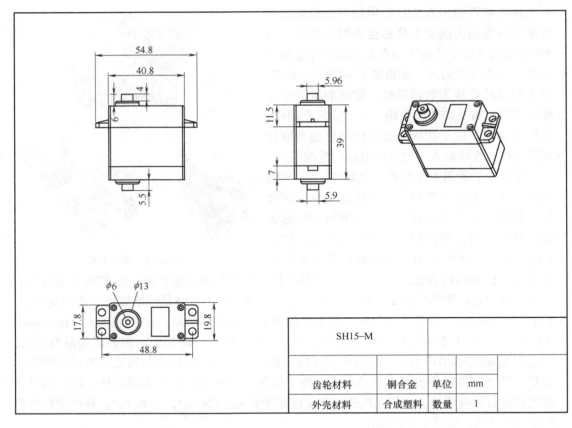

SH15–M				
齿轮材料	铜合金	单位	mm	
外壳材料	合成塑料	数量	1	

图 10-25　SH15-M 舵机尺寸

2. SH15-M 舵机视图

如图 10-26 所示。

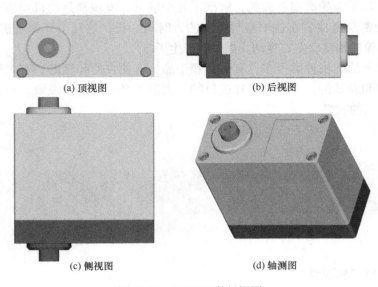

(a) 顶视图　　　　　　　　　　(b) 后视图

(c) 侧视图　　　　　　　　　　(d) 轴测图

图 10-26　SH15-M 舵机视图

3. SH15-M舵机内部结构

如图10-27所示。

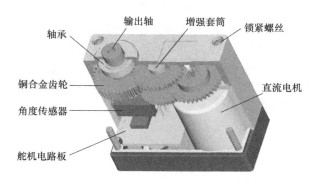

图10-27　SH15-M舵机内部结构

4. SH15-M舵机增强型螺丝设计

由于该舵机考虑到方便用户在正、反两面都进行安装，所以设计成上盖和下盖各有4个螺丝的形式，便于以后分别组装结构件，如图10-28所示。

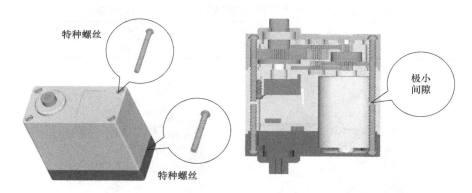

图10-28　SH15-M舵机增强型螺丝设计

5. SH15-M舵机减速比

SH15-M舵机总减速比为274∶1。

6. SH15-M舵机的扭矩

静态堵转扭矩：19.18kg·cm。

动态输出扭矩：13.426kg·cm。

7. 舵机空载转速

SH15-M舵机空载转速为62.04r/min，即为0.16s/60°（在7.4V工作电压下）。

8. 舵机转动角度范围

机械极限角度：210°。

软件极限角度：200°。

9. PPM协议

角度传感器的极限量程为230°，如图10-29所示。

第十章　机器人传感器、驱动器和控制器

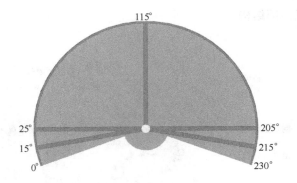

图10-29　SH15-M舵机PPM协议

角度传感器满量程：0°~230°。

SH15-M舵机软件极限角度：15°~215°，即为200°。

无效角度区域：0°~15°和215°~230°系统保护区域。

SH15-M舵机精度：0.1°/μs。如表10-2所示。

SH15-M舵机带耳朵和不带耳朵的实物如图10-30所示。

表10-2　SH15-M舵机的PPM信号与旋转角度协议表格

角度值	0°	15°	25°	115°	205°	215°	230°
PPM脉宽/μs	—	500	600	1500	2400	2500	—

图10-30　SH15-M舵机带耳朵和不带耳朵的实物图

八、机器人的各种控制器

1. 微伺服舵机控制器

微伺服舵机控制器可以控制多达几十个伺服舵机协调动作的软硬件结合系统，它不但能实现位置控制和速度控制，还具有时间延时断点发送指令功能。其主要由上位机软件和伺服舵机驱动控制器组成，通过PC机操作上位机软件给控制器传递控制指令信号，就可以实现多路伺服舵机的单独控制或同时控制，如图10-31所示。

2. 51控制器

Robotboard v1.2 51单片机控制器是基于STC89C系列单片机的扩展板，如图10-32所示。此控制器默认配置是STC89C52单片机，兼容STC89C全系列，在保留V1.1版本优点的基础上，仍采用叠层设计、PCB沉金工艺加工，优点在于将STC89C系列单片机的I/O接口全部扩展出来，还特设蓝牙模块通信接口、APC220无线射频模块通信接口、RB URF v1.1超声波传感器接口、1602液晶接口，独立扩出更加易用方便。对于单片机初学者来说，不必为繁琐复杂电路连线而头疼了，真正意义上将电路简化。

图10-31　32路微伺服舵机控制器　　　　图10-32　Robotboard v1.2 51单片机控制器

目前市面上使用最广泛的是51系列单片机，控制板采用STC12C5A60S2单片机，大部分元器件采用全表贴工艺。此控制板设计合理，扩展了STC12C5A60S2单片机的所有外接端口，如图10-33所示。

电路板上面的主要元件如下。

CPU：STC12C5A60S2，48pinLQFP封装，60KB Flash，内置2KB EEPROM。

EEPROM：两片电可擦除存储芯片AT24C512，存储空间共128KB，使机器人程序存储器空间扩充至190KB。

欠压保护：带欠压保护电路，系统供电低于6V时，系统将无限制复位，且保护电压可调。

RS-232接口：4pinRS-232接口，带"CTS"判断位，可同时输出RS-232电平和TTL电平。

图10-33　STC12C5A60S2单片机控制板

红外接收器：接收遥控器的红外信号，与用户进行信息交互；此接口同时可以做外部中断接收使用。

蜂鸣器：发出响声，与用户进行信息交互。

I/O口：此电路板共扩展35个I/O口，其中24个专业舵机控制口（7.4V），11个万能口；万能接口可以选择7.4V或5V电压供电，上拉电阻或下拉电阻可选，可用于各种传感器和扩展舵机。

编程接口：采用STC标准的串口ISP编程方式。

3. AVR控制器

目前市面上流行的AVR系列单片机有许多优点，例如AVR Atmega64/128单片机，大部分元器件采用全表贴工艺。对于想学习高速单片机的读者来说，该款单片机是非常全面的，此单片机运行速度快，内部模块丰富。使用这种单片机控制机器人运动，可以使机器人做出更加复杂的动作，同时也可以加入一些具有创意性的设计，如图10-34所示。

图10-34　AVR ATmega128单片机控制板

电路板上面的主要元件如下。

CPU：Atmega64/128-16AU，64pinTQFP封装。

EEPROM：两片AT24C512，存储空间共128KB，使机器人程序存储器空间扩充至256KB。

RS-232接口：4pinRS-232接口，带"CTS"判断位，可同时输出RS-232电平和TTL电平。

红外接收器：接收遥控器的红外信号，与用户进行信息交互；此接口同时可以做外部中断接收使用。

蜂鸣器：发出响声，与用户进行信息交互。

I/O口：此电路板共扩展46个I/O口，其中，24个专业舵机控制口（7.4V），8个传感器控制口（5V），4个模拟信号采集口（5V），4个无线信号采集口（5V），4个万能口（5V/7.4V）；2个万能口（5V）。

编程接口：采用AVR标准的标准6针ISP编程方式。

4. PIC控制器

PLC 的英文全称是Programmable Logic Controller（可编程逻辑控制器），是一种专为在工业环境应用而设计的数字运算操作的电子系统。它采用一类可编程的存储器，用于其内部存储程序、执行逻辑运算、顺序控制、定时、计数与算术操作等面向用户的指令，并通过数字或模拟式输入/输出控制各种类型的机械或生产过程，是工业控制的核心部分。PLC控制器主要是指数字运算操作电子系统的可编程逻辑控制器，用于控制机械的生产过程。

美国Microchip Technology公司推出的8位PIC系列单片机，如图10-35所示。采用精简指令集（RISC）、哈佛总线结构以及二级流水线取指令方式，具有实用、低价、指令集小、低功耗、高速度、体积小、功能强和简单易学等特点。PIC系列单片机不搞单纯的功能堆积，而是重视性价比，依靠发展

图10-35　PIC系列单片机控制板

多种型号来满足不同层次的需要。它集成了很多外围设备，是真正的"单片"，体现了单片机未来发展的一种新趋势，正在逐渐成为世界单片机的新潮流。PIC系列中的PIC l877x型芯片，含有丰富的I/O口资源、多路A/D转换模块、PWM输出模块、FLASH程序存储器等丰富的接口模块，可以方便在线多次调试，特别适用于学生、初学者学习及在产品的开发阶段使用，而且其开发设备价格非常低。

5. Arduino控制器

Arduino，是一块基于开放源代码的USB接口Simple I/O接口板，如图10-36所示（包括12通道数字GPIO，4通道PWM输出，6~8通道10bit ADC输入通道），并且具有使用类似Java、C语言的IDE集成开发环境。让用户可以快速使用Arduino语言与Flash或Processing等软件，做出互动作品。

Arduino可以使用开发完成的电子元件，例如Switch或sensors或其他控制器、LED、步进马达或其他输出装置。Arduino也可以独立运作成为一个可以跟软件沟通的接口，如flash、processing、Max/MSP、VVVV或其他互动软件。Arduino开发IDE

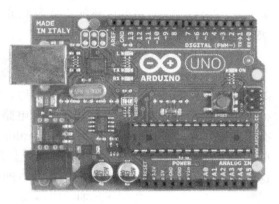

图10-36　Arduino控制板

接口基于开放源代码源，可以让用户免费下载使用，开发出更多令人惊艳的互动作品。

Arduino平台特点如下。

① 跨平台，Arduino IDE可以在Windows、Macintosh OS X、Linux三大主流操作系统上运行，而其他大多数控制器只能在Windows上开发。

② 简单清晰，Arduino IDE基于processing IDE开发。对于初学者来说，极易掌握，同时有着足够的灵活性。Arduino语言基于wiring语言开发，是对 avr-gcc库的二次封装，不需要太多的单片机基础、编程基础，简单学习后，可以快速地进行开发。

③ 开放性，Arduino的硬件原理图、电路图、IDE软件及核心库文件都是开源的，在开源协议范围内可以任意修改原始设计及相应代码。

④ 发展迅速，Arduino不仅是全球最流行的开源硬件，也是一个优秀的硬件开发平台，更是硬件开发的趋势。Arduino简单的开发方式使得开发者更关注创意与实现，更快地完成自己的项目开发，大大节约了学习的成本，缩短了开发的周期。

6. BASIC Stamp控制器

BASIC Stamp（有时也称BASIC Stamp Module）是由美国Parallax公司自1992年起设计的一种微控制器，此种微控制器与其他微控制器不同的地方在于：微控制器（BASIC Stamp）中的ROM内存内建了一套小型、特有的BASIC编程语言直译器（Interpreter），称为PBASIC。有了PBASIC后，想开发、撰写微控器应用的设计者，只要学会、具备BASIC编程语言的撰写能力，就能够用其开发出嵌入式系统所用的控制应用编程，大幅降低了嵌入式设计的技能学习门槛，因此BASIC Stamp在电子电机的玩家群中相当普遍与受欢迎。

7. ARM控制器

ARM（Advanced RISC Machines）处理器是Acorn计算机有限公司面向低预算市场

设计的第一款RISC微处理器。更早称作Acorn RISC Machine。ARM处理器本身是32位设计，但也配备16位指令集。一般来讲比等价32位代码节省达35%，却能保留32位系统的所有优势。

ARM的Jazelle技术使Java加速得到比基于软件的Java虚拟机（JVM）高得多的性能，和同等的非Java加速核相比功耗降低80%。CPU功能上增加DSP指令集，提供增强的16位和32位算术运算能力，提高了性能和灵活性。ARM还提供两个前沿特性来辅助带深嵌入处理器的高集成SoC器件的调试，它们是嵌入式ICE-RT逻辑系统和嵌入式跟踪宏单元（ETM）。ARM系列内核的优势为低价格、低功耗、高处理能力，另外具有Thumb、DSP、jazeller功能扩展。

8. CPLD与FPGA控制器

Field-Programmable Gate Array，即现场可编程门阵列，它是在PAL、GAL、CPLD等可编程器件的基础上进一步发展的产物。它是作为专用集成电路（ASIC）领域中的一种半定制电路而出现的，既解决了定制电路的不足，又克服了原有可编程器件门电路数有限的缺点。目前以硬件描述语言（Verilog或VHDL）所完成的电路设计，可以经过简单的综合与布局，快速地烧录至FPGA上进行测试，是现代IC设计验证的技术主流。这些可编辑元件可以被用来实现一些基本的逻辑门电路（比如AND、OR、XOR、NOT）或者更复杂一些的组合功能比如解码器或数学方程式。在大多数的FPGA里面，这些可编辑的元件里也包含记忆元件，如触发器（Flip-flop）或者其他更加完整的记忆块。

系统设计师可以根据需要，通过可编辑的连接把FPGA内部的逻辑块连接起来，就好像一个电路试验板被放在了一个芯片里。一个出厂后的成品FPGA的逻辑块和连接可以按照设计者而改变，所以FPGA可以完成所需要的逻辑功能。

FPGA一般来说比ASIC（专用集成芯片）的速度要慢，无法完成复杂的设计，而且消耗更多的电能。但是他们也有很多的优点，如可以快速成品，可以被修改来改正程序中的错误和更便宜的造价。厂商也可能会提供便宜的但是编辑能力差的FPGA。因为这些芯片的可编辑能力比较差，所以这些设计的开发是在普通的FPGA上完成的，然后将设计转移到一个类似于ASIC的芯片上。另外一种方法是用CPLD（复杂可编程逻辑器件）。

早在20世纪80年代中期，FPGA已经在PLD设备中扎根。CPLD和FPGA包括了一些相对大数量的可以编辑逻辑单元。CPLD逻辑门的密度在几千到几万个逻辑单元之间，而FPGA通常是在几万到几百万。

CPLD和FPGA的主要区别是他们的系统结构。CPLD是一个有点限制性的结构。这个结构由一个或者多个可编辑的结果之和的逻辑组列和一些相对少量的锁定的寄存器组成。这样的结果是缺乏编辑灵活性，但是却有可以预计的延迟时间和逻辑单元对连接单元高比率的优点。而FPGA却是有很多的连接单元，这样虽然让它可以更加灵活地编辑，但是结构却复杂得多。

CPLD和FPGA另外一个区别是大多数的FPGA含有高层次的内置模块（比如加法器和乘法器）和内置的记忆体。一个因此有关的重要区别是很多新的FPGA支持完全的或者部分的系统内重新配置。允许它们的设计随着系统升级或者动态重新配置而改变。一些FPGA可以让设备的一部分重新编辑而其他部分继续正常运行。

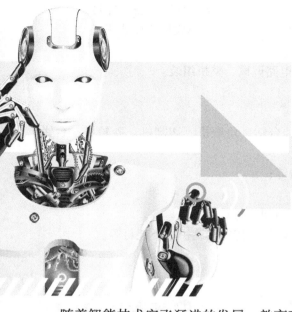

第十一章

机器人竞赛国内外发展历史及现状

　　随着智能技术突飞猛进的发展、教育理念的不断更新，作为综合了人工智能、计算机、自动控制、图像处理、传感器及信息融合、精密机构、无线通信、机械电子学和新材料等科技的机器人技术也在为教育改革贡献自己的力量。为了推动机器人技术的发展，培养学生创新能力，在全世界范围内相继出现了一系列的机器人竞赛，如 RoboCup、Fira、ABU-RoboCon、CCTV-ROBOCON、国际机器人奥林匹克竞赛、FLL 机器人世界锦标赛、中国青少年机器人竞赛等。更多小型的机器人赛事更是数不胜数。

　　机器人竞赛实际上是高技术的对抗赛，从一个侧面反映了一个国家信息与自动化领域基础研究和高技术发展的水平。机器人竞赛使研究人员能够利用各种技术，获得更好的解决方案，从而又反过来促进各个领域的发展，这也正是开展机器人竞赛的深远意义，同时也是机器人竞赛的魅力所在。

　　机器人竞赛涉及一些重要课程，如金工实习、机械制图、C语言、软件工程、模电/数电或电子电工学、微机原理、单片机原理、自动控制原理、机械原理、传感器技术、电机与拖动等。这些单个课程有些比较枯燥和难学，但以机器人技术为载体的创新实践教育使用项目式教学，强调趣味性、综合性和创新性，让学生的学习变被动为主动。传统的实验教学，往往着重于验证性，而对学生的创造性思维训练不够，参与学科竞赛可以很好地弥补这个缺陷，因为制作比理论教学更加吸引人。机器人竞赛作为高技术对抗赛，涉及多领域的前沿技术集成，将成为大学生创新素质培养的重要平台。基于机器人竞赛平台的大学生创新素质培养机制和实践活动为大学生创新能力的培养提供基础条件，并将带来竞争性学习机会，能够有效弥补传统教育缺陷，锻炼学生多方面的能力。总之，机器人竞赛对大学生动手能力、机电系统创新设计能力、心理素质以及团队协作能力等的提高具有重要的意义，对传统的本科教育所产生的冲击和影响也将是巨大和积极的。

　　机器人竞赛也是教师教学改革的催化剂。因为机器人竞赛范围广，实用性、综合性强，涉及机械、自动化学科的多个门类，鼓励新技术的应用。这要求指导教师有宽广的知识面和丰富的实践经验，促使教师不断学习新技术，提高自身的科研水平。指导竞赛的过程，可以促进教师改革传统的课程体系和教学内容，改进教学方法，并将这些思想和方法用于日常教学中，无形中提高了教师的教学水平，特别是实践教学水平。

机器人制作（竞赛）实验室的配置如下。

制作间，约50m²以上，可进行机械加工、电路调试、整机组装。

设备情况包括：

① 台式电脑、笔记本电脑多台；

② 机械加工方面：数控车床、数控铣床、台钻、角磨机、切割机、砂轮机、台钳、电钻、空气压缩机、钳工工具箱等；

③ 木工工具：开板机、木工铣刀、曲线锯等；

④ 单片机开发系统、万用表、电烙铁等；

⑤ 软件：CAD、Pro/E、ANSYS、Protel、Matlab等；

⑥ 教学型机器人，各种电动机、驱动器、码盘、传感器，机电类耗材等。

一、国际上流行的机器人竞赛

按照比赛主题可以分为以下三类。

1. 机器人足球竞赛

机器人足球的最初想法由加拿大不列颠哥伦比亚大学的Alan Mackworth教授于1992年正式提出。国际上最具影响力的机器人足球赛主要是FIRA和RoboCup两大世界杯机器人足球赛，每年设置一次国际竞赛。

（1）FIRA机器人足球比赛 最早由韩国高等技术研究院（Korea Advanced Institute of Science and Technology，KAIST）的金钟焕（Jong-Hwan Kim）教授于1995年提出，并于1996年在KAIST所在的韩国（Daejeon）举办了第一届国际比赛。

1997年6月，第二届微型机器人足球比赛（MiroSot97）（如图11-1所示）在KAIST举行期间，国际机器人足球联盟（Federation of International Robot-soccer Association，FIRA）宣告成立。此后FIRA在全球范围内每年举行一次机器人世界杯比赛（FIRA Cup），同时举办学术会议（FIRA Congress），供参赛者交流他们在机器人足球研究方面的经验和技术。

机器人足球系统的研究涉及非常广泛的领域，包括机械电子学、机器人学、传感器信息融合、智能控制、通信、计算机视觉、计算机

图11-1　FIRA机器人足球比赛

图形学、人工智能等，吸引了世界各国的广大科学研究人员和工程技术人员的积极参与。更有意义的是，机器人足球比赛的组织者始终奉行研究与教育相结合的根本宗旨。比赛与学术研究的巧妙结合更激发了青年学生的强烈兴趣，通过比赛培养了青年学生严谨的科学研究态度和良好的技能。

从1996年在韩国大田的KAIST举办第一届MiroSot比赛至今，FIRA已经举行了二十几届世界杯比赛，足迹遍布亚洲、欧洲、美洲和大洋洲，成为各类国际机器人竞赛中最具水平和影响力的赛事之一。除了一年一度的世界杯比赛以外，每年还有许多地区性的FIRA机器人足球比赛。蓬勃发展的机器人足球比赛对机器人足球的研究起到了巨大的推动作用。FIRA机器人足球比赛的种类也由最开始的MiroSot不断增加，目前已经包括MiroSot、RoboSot、HuroSot、SimuroSot等多个类别。有的类别根据双方参赛队员数目不同还可以分为小型组、中型组和大型组等。

在FIRA比赛蓬勃开展的同时，有关机器人足球系统和机器人足球竞赛的理论研究也取得长足进展。每一届世界杯比赛之前，主办者都会举行培训和研讨班，并在比赛举行的同时召开机器人足球专题的国际学术会议，例如在韩国召开的2002 FIRA Robot World Congress，就录用了来自26个国家的142篇论文。这些论文集中介绍了与机器人足球相关的视觉系统、运动规划、动作设计、策略选择等领域的研究成果。这些学术研讨和交流活动，极大地促进了相关学科的理论研究。

理论研究的成果使得机器人足球比赛的水平不断提高。在1996年的第一届MiroSot比赛中，大多数参赛队使用的视觉系统的采集/处理速度仅为10帧/s，机器人速度也不过50cm/s。仅过两年，来自韩国的Keys队，凭借他们高达60帧/s的视频采集/处理速度和机器人2m/s的运动速度，在法国巴黎举行的FIRA'98世界锦标赛中一举夺魁，其足球机器人的表现让人惊叹不已。这些进步得益于电子和计算机技术的发展带来了硬件性能的飞速提高。另一方面，有关足球机器人动作和策略的研究也成绩显著。早先的比赛当中，机器人之间缺乏合理的分工协作，很容易挤作一团。现在这种现象已不存在，随着策略研究的不断成熟，比赛的精彩程度也在不断增加。

机器人足球的研究赢得了学术界的广泛认同，一些有影响的学术刊物，例如 The Journal on Robotics and Autonomous System, The International Journal of Intelligent Automation and Soft Computing 等都出版过机器人足球专辑，一些重要的国际学术会议也都进行过这方面的专题讨论。

（2）RoboCup机器人足球比赛　RoboCup（Robot World Cup）是一个国际性组织，1997年成立于日本。RoboCup以机器人足球作为中心研究课题，通过举办机器人足球比赛，旨在促进人工智能、机器人技术及其相关学科的发展。RoboCup的最终目标是在2050年成立一支完全自主的拟人机器人足球队，能够与人类进行一场真正意义上的足球赛。RoboCup通过提供一个标准问题来促进人工智能和智能机器人的研究。这个领域应该可以集成并检验很大范围内的技术，同时也可被用作综合的面向工程应用的教育。为了这个目的，RoboCup联盟选择了足球比赛作为一个基本领域，并组织了国际上级别最高、规模最大、影响最广泛的机器人足球赛事和学术会议——机器人足球世界杯及学术会议（The Robot World Cup Soccer Games and Conferences，简称RoboCup）。为了能让一个机器人球队真正能够进行足球比赛，必须集成各种各样的技术，包括自治智能体的设计准则、多主体合作、策略获取、实时推理、机器人学以及感知信息融合等。对一个由许多快速运动的机器人组成的球队来说，RoboCup是一项在动态环境下的任务。在软件方面，RoboCup还提供了软件平台以便于研究。在足球比赛作为标准问题的同时，还会有其他各种各样的努力，比赛只是RoboCup各项活动的一部分。当前RoboCup的活动包括：技术研讨，机器人国际比赛和学术会议，RoboCup挑战计划，RoboCup教育计划，基础组织的发展。

比赛项目主要有：电脑仿真比赛（Simulation League）、小型足球机器人赛［Small-Size League（F-180）］、中型自主足球机器人赛［Middle-Size League（F2000）］、四腿机

器人足球赛（Four-Legged Robot League）、拟人机器人足球赛（Humanoid league）（如图11-2所示）等项目。除了机器人足球比赛，Robo-Cup同时还举办机器人抢险赛（RoboCup Rescue）和机器人初级赛（RoboCup Junior）。机器人抢险赛是研究如何将机器人运用到实际抢险救援当中，并希望通过举办比赛能够在不同程度上推动人类实际抢险救援技术的发展，比赛项目包括电脑模拟比赛和机器人竞赛两大系列。同时，RoboCup为了普及机器人前沿科

图11-2　拟人机器人足球赛

技，激发青少年学习兴趣，在1999年12月成立了一个专门组织中小学生参加的分支赛事RoboCup Junioro。

2. 机器人灭火竞赛

国际机器人灭火比赛（如图11-3所示）由全球教育机器人创始人之一美国三一学院的Jake Mendelssohn教授于1994年始创，此项赛事是目前历史最悠久、影响最广、参与选手最多的国际机器人竞赛之一。比赛是在一套模拟四室一厅住房内进行，要求参赛的机器人在最短的时间内熄灭放置在任意一个房间中的蜡烛。参赛选手可以选择不同的比赛模式，比如，在比赛场地方面可以选择设置斜坡或家具障碍，在机器人的控制方面可选

图11-3　国际机器人灭火比赛

择声控和遥控。熄灭蜡烛所用的时间最短，选择模式的难度最大，综合扣分最少的选手为冠军。虽然比赛过程仅有短短几分甚至几秒钟的时间，用来灭火的机器人体积也不超过31cm³，但其中包含了很高的科技含量。机器人装备了数据处理芯片、行走装置、灭火装置以及火焰探测器、光敏探测器、声音探测器、红外探测器和超声波探测器等各种仪器，这些设备使机器人好像长了脑子、眼睛、耳朵和手脚，从而能够根据场地的不同情况，智能性地完成避障、寻火、灭火等任务。从1994起每年举办一次比赛，至今已经成功举办了二十几届赛事。

3. 机器人综合竞赛

无论是机器人足球比赛还是机器人灭火比赛都是主要围绕着一个主题进行的机器人竞赛。在国际上，除了这些机器人单项竞赛之外，还有把各项机器人竞赛组合在一起的比赛，即机器人综合比赛。这些比赛主要包括国际机器人奥林匹克竞赛、FLL机器人世锦赛和亚洲广播电视联盟亚太地区机器人大赛（简称ABU-ROBOCON）。

（1）国际机器人奥林匹克竞赛　国际机器人奥林匹克竞赛（International Robot Olympiad）简称IRO，是由国际奥林匹克机器人委员会（IROC）和丹麦乐高教育事业公司合办的国际性机器人比赛，指定乐高Mindstorms为竞赛器材，比赛分为竞赛与创意两类。竞赛类比赛中各组别必须建构机器人和编写程序来解决特定题目，创意类比赛中各组针对特定主题自由设计机器人模型并展示。参赛者依据年龄分为国小组、国中组、高中组。自1999年起到2001年，已经分别在日本、韩国、中国香港成功举办了三次赛事。由于2001年中国学生在国际机器人奥林匹克竞赛上的出色表现，国际机器人奥林匹克竞赛在中国的首都北京举办了2002年国际机器人奥林匹克竞赛（如图11-4所示）。

图11-4　"三星杯"国际机器人奥林匹克竞赛现场

2003年11月，由中国、日本、韩国和新加坡等国家发起并成立了IRO世界青少年机器人奥林匹克竞赛委员会，希望通过主办IRO世界青少年机器人奥林匹克竞赛活动，为国际青少年机器人爱好者提供一个共同的学习平台。IRO世界青少年机器人奥林匹克竞赛成为每年一度的世界青少年科技文化交流盛会。

比赛分为常规赛与创意赛，常规赛的比赛项目如下面所示。

① 常规赛（Regular Categories）。小学组（12岁以下）[Junior League（under 12）]；挑战组（13~18岁）[Challenge League（13~18）]；成人组（19岁以上）[Robo League

Categories（over 19）]。

② 机器人轨迹赛。机器人爬楼梯（Robot Line Tracing）；机器人生存挑战赛（Robot Survival Game）。

③ 有腿机器人比赛。障碍赛（Legged Robot Obstacle Race）；机器人爬楼梯（Stair Climbing Robot）；机器人足球（FIRA Robot Soccer）。

④ 视觉机器人救援赛（Vision-Robot Rescue Operation）。机器人篮球（Robo Basketball）；机器人拳击（Robo Boxing）；机器人马拉松（Robo Marathon）；机器人平衡赛（Robo Balancing Beam）；机器人跳舞（Robo Dancing）（如图11-4所示）；机器人举重（Robo WeightLifting）；微型机器人足球5对5（RoboSoccer, MiroSot 5vs.5）；拟人机器人足球（RoboSoccer, Hurosot）。

国际比赛目的：

a. 培养中小学生的科学技术能力；

b. 培养学生的科技创造意识，让学生能够更好地适应21世纪的科学技术发展的趋势；

c. 让学生参加国际机器人比赛，可以让更多的学生对机器人足球赛感兴趣。

（2）FLL机器人世锦赛 FLL（FIRST LEGO League）机器人世锦赛（如图11-5所示）于1998年由美国发明家Dean Kamen创立的FIRST（For Inspiration and Recognition of Science and Technology）机构和LEGO集团发起，目前参加该比赛的有10多个国家（英国、法国、德国、北欧5国家、新加坡、韩国、中国）及美国的46个州，是世界上影响最大的一项机器人比赛之一。

图11-5　2012 FLL机器人世锦赛中国公开赛比赛现场

该比赛从1998年开始每年举办一次，由主办方发布挑战题目，各参赛队可以在8~10周的准备时间内进行项目的研究和设计。比赛分为机器人技术、课题研究和现场交流展示三部分，机器人技术又包括技术答辩和机器人挑战两部分。

（3）ABU-ROBOCON 始于2002年的亚洲广播电视联盟亚太地区机器人大赛，简称ABU-ROBOCON（Asia-Pacific Robot Contest），是由中国、日本、泰国、新加坡、泰国和印度尼西亚组成理事会的"亚洲太平洋广播联盟"（亚广联）举办的每年一度的重大国际性赛事。比赛的宗旨是着力培养各国青少年对于高科技的兴趣与爱好，提高各参与国的科技水平，为机器人工业的发展发掘和培养后备人才。

　　此活动的前身是日本广播协会的机器人比赛，该项赛事从1988年开始，于1989年成为日本NHK每年的赛事，名为"全日本机器人大赛"。1990年他们开始第一次邀请除日本之外的国外代表队参赛，比赛成为一项国际性比赛。从2002年起ABU-ROBOCON机器人大赛正式诞生，该大赛（如图11-6、图11-7所示）每年举办一次，自2002年第一届ABU-ROBOCON在日本举办以来已经成功举办了十几届。

图11-6　2009年ABU-ROBOCON机器　　　图11-7　2009年ABU-ROBOCON机器
　　　　　人国内选拔大赛（1）　　　　　　　　　　　　人国内选拔大赛（2）

二、国内机器人比赛全国范围内的六项赛事

1. 全国机器人足球锦标赛

　　1997年7月，国际机器人足球联盟中国分会（简称FIRA中国分会）成立，分会设在哈尔滨工业大学，由洪炳镕教授担任主席。同年中国人工智能学会（CAAI）下设机器人足球工作委员会，由洪炳镕教授同时担任主任。自1999年开始到2013年在CAAI和FIRA支持下，已经举办了多次全国锦标赛和多次FIRA世界杯机器人足球大赛，有力地推动了国内机器人足球的研究和发展。

2. 中国机器人大赛暨RoboCup公开赛

　　中国机器人大赛暨RoboCup公开赛是国内最权威、影响力最大的机器人技术大赛和学术大会，基本覆盖了中国现有顶级机器人专家和众多日本、美国、德国知名机器人学者，为当今中国乃至亚洲机器人尖端技术产业竞赛和国际顶尖人才汇集的活动之一。大赛从1999年第一次在重庆举行后，以后每年举办一次，北京、上海、广州、合肥、苏州、济南、中山等地成功举办了历届大赛。

　　2001年中国自动化学会机器人竞赛工作委员会成立，主要负责在国内开展、组织与机器人技术相关的赛事与研讨会，以及参与国际机器人技术领域的竞赛和交流。此后，中国的机器人竞赛开始朝着多样化、大规模、高水平的方向发展。除以上介绍的几种全国性赛事之外，各种小型赛事层出不穷，赛事涉及机器人直线行走竞赛、机器人直线花样行走竞赛、机器人直线绕障行走竞赛、机器人长跑赛、机器人短跑赛、机器人轨迹赛、机器人下台阶竞赛、机器人游泳比赛、机器人火炬传递比赛、机器人福娃登长城竞赛、机器人接力赛、即兴机器人擂台比赛、机器人舞蹈竞赛、机器人相扑赛、机器人灭火比赛、机器人救援比赛、机器人登月采矿竞赛、机器人探险与排障比赛、机器人篮球赛、机器人足球赛、空中机器人比赛、水中机器人比赛等40多种比赛项目。

（1）RoboCup 足球机器人比赛

① 仿真组。RoboCup 足球机器人仿真比赛（如图11-8所示）提供了一个完全分布式控制和实时异步的多智能体环境。在实时异步和有噪声的对抗环境中，研究多智能体的合作对抗问题。每个机器人球员都是一个独立的"主体"。服务器的功能是计算并更新球场上所有物体的位置和运动，发送信息给球员，接收球员的命令。RoboCup 仿真使参与者可以把精力完全投入到机器人的上层决策中，而无需考虑硬件问题。

图11-8　RoboCup足球机器人仿真比赛

② 小型组。小型组（如图11-9、图11-10所示）每队5名队员在一个长5m、宽3.5m的绿色场地上进行。比赛用球为橙色的高尔夫球。机器人系统包括：视觉、决策、无线通信和机器人车体四个子系统。彩色摄像机固定在场地上方4m处，并与场外的主机相连，采用无线通信的方式向机器人发送命令。小型组的关键技术：

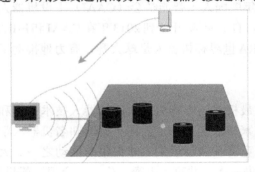

图11-9　RoboCup足球机器人小型组比赛（1）

图11-10　RoboCup足球机器人小型组比赛（2）

a. 可靠的色彩识别和跟踪等处理能力，适应场地光线的强弱变化，避免丢球和机器人。

b. 优秀的机构设计，快速、耐碰撞，万向移动、带球、踢球的能力。

c. 稳定的无线通信。

d. 良好的机器人行为编程。

③ 中型组。中型组（如图11-11所示）每支球队最多6个机器人，直径不超过50cm，18m×12m的场地，使用橙色足球进行比赛。机器人全自主。中型组的关键技术：自定位的方法，感知和导航，运动机构的设计，团体协作、多传感器获取相关的环境信息，然后进行数据融合，再建立分布式的世界模型。

图11-11 RoboCup足球机器人中型组比赛

④ 标准平台组。标准平台参赛队采用统一的机器人硬件，着重开发软件系统，让最先进的机器人进行足球比赛。比赛中采用的机器人完全自主。目前有两款机器人：两腿类人机器人（Nao）（如图11-12所示）和四腿机器狗（Aibo）（如图11-13所示）。

图11-12 两腿类人机器人（Nao）

图11-13 四腿机器狗（Aibo）

（2）RoboCup救援组比赛

① 救援仿真组。用计算机对真实的城市灾难情况进行模拟，如在地震发生时，房屋和建筑物等倒塌；道路、轨道和其他公共交通设施被毁坏；基础的城市设施如电力和下水道系统被毁坏；通信设施和信息的传播被中断，许多受害者被埋在倒塌的房屋下；地震引起的火灾蔓延；救火队因水的供应紧张而不能有效地救火；消防车要通过的道路和停车的空旷地都被倒塌的房屋碎片挡住等。

参赛队伍开发的救援智能体（如图11-14、图11-15所示），在仿真灾难场景下进行救援工作，搜救受伤的民众，抢救人们的生命财产，把灾难的损失降低到最低限度。

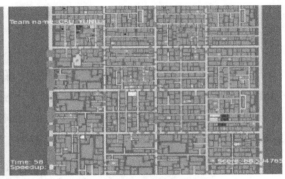

图11-14 救援仿真（1）　　　　　　　　　　　　图11-15 救援仿真（2）

② 救援机器人组。救援机器人（如图11-16所示）探索经特别设计和构造的模拟灾难现场。有多个显示生命迹象的模拟假人（如挥动手臂、大声呼救、体温等）隐藏在其中。救援机器人探索现场的每个角落，找到并接近这些模拟受难者，确定他们的生命迹象，制作出灾难现场的地图并指出受难者的位置，为人类救援者实施安全救援提供足够的现场信息。

（3）RoboCup家庭组比赛　家庭组比赛（如图11-17所示）包括一系列在家庭场景中的测试，用来展示机器人的能力。在测试过程中，只允许与机器人进行自然的交互（比如：语音，姿势）。所有的测试都在尽可能真实的起居室场景中进行。场景中包括各种家具、自然的照明条件及地板上的玩具等。

图11-16 救援机器人现场搜救　　　　　　　图11-17 家庭组比赛

（4）FIRA足球机器人比赛

① 仿真组（如图11-18所示）。

② 小型组 （如图11-19、图11-20所示）。

（5）空中机器人比赛　固定翼和旋翼比赛如图11-21、图11-22所示。

（6）水中机器人比赛

机器人水球比赛如图11-23所示。

机器人水底采矿比赛如图11-24所示。

机器人水中巡游比赛如图11-25所示。

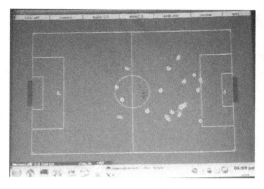

图11-18　FIRA足球机器人仿真组

图11-19　FIRA足球机器人小型组

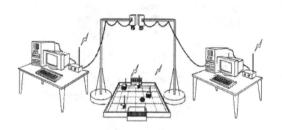

图11-20　FIRA足球机器人小型组工作原理图

图11-21　固定翼机器人比赛

图11-22　旋翼机器人比赛

图11-23　机器人水球比赛

图11-24　机器人水底采矿

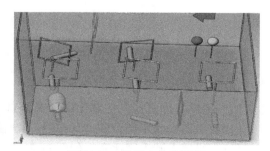

图11-25　机器人水中巡游

（7）舞蹈机器人比赛（如图11-26~图11-29所示）

图11-26　皮影戏机器人

图11-27　喜羊羊和美羊羊迎亚运

图11-28　舞蹈旋风机器人

图11-29　手指舞蹈机器人

（8）双足竞步机器人比赛（如图11-30、图11-31所示）

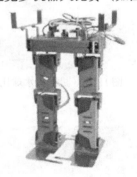

图11-30　双足竞步机器人

图11-31　双足竞步机器人竞赛现场

（9）微软足球机器人仿真比赛（如图11-32所示）

（10）机器人武术擂台赛（如图11-33、图11-34所示）

（11）机器人游中国比赛（如图11-35、图11-36所示）

（12）服务机器人比赛（如图11-37~图11-39所示）

助老机器人如图11-37所示。

家庭服务机器人如图11-38、图11-39所示。

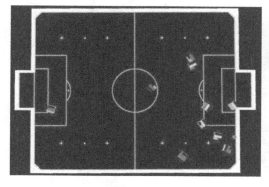

图11-32　微软足球机器人仿真比赛

图11-33　机器人武术擂台赛比赛现场

图11-34　机器人武术擂台赛标准平台组比赛现场

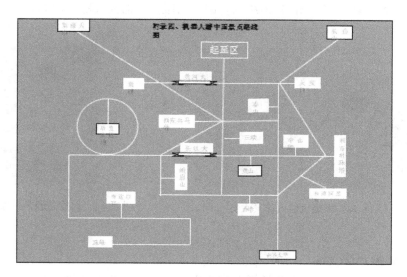

图11-35　机器人游中国地图路线

图11-36　机器人游中国比赛现场

图11-37　助老机器人

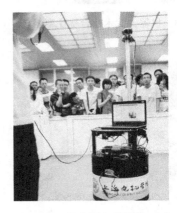

图11-38　家庭服务机器人（1）

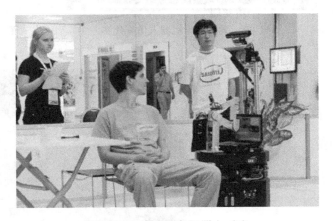

图11-39　家庭服务机器人（2）

家庭机器人仿真大赛如图11-40所示。医疗与服务机器人大赛如图11-41所示。

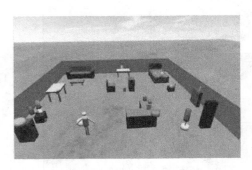

图11-40　家庭机器人仿真大赛

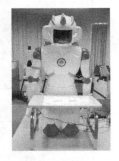

图11-41　医疗与服务机器人大赛

3. CCTV-ROBOCON

中国中央电视台自2002年开始举办中央电视台机器人电视大赛（简称CCTV-ROBO-

CON ）（如图 11-42 所示），以选拔队伍参加亚洲广播电视联盟亚太地区机器人大赛
（ABU-ROBOCON），至今已成功举办了十几届。

图 11-42　中央电视台机器人电视大赛

4. 全国高职机器人大赛

（1）竞赛项目指导思想和基本原则　适应国家产业发展和社会发展需要，展示知识
经济时代高技能人才培养的特点，以提高机器人先进技术应用为主题，引领相关高职专
业教育教学改革，注重展示和考察学生的职业技能水平和团队协作精神，以培养学生创
新意识和实践能力为重点，做到以赛促学，培养特长。

基本原则：

① 技能竞赛与教学改革相结合。以技能竞赛为平台，努力适应机器人相关产业发展
对高技能人才的需要，引导高职相关专业教育教学改革方向。

② 高技能与新技术相结合。按照相应职业的国家职业标准三级（高级技能）命题，
适当增加新知识、新技术、新工艺、新方法等相关知识。

③ 团队合作与个人技能展示相结合。以团队形式参赛，突出团队合作精神的同时展
示选手个人风采。

（2）竞赛项目名称　机器人技术应用。

（3）竞赛目的　通过技能大赛，加快工学结合人才培养模式和课程改革与创新的步
伐，探索培养企业需要的机器人使用、维护、维修的高素质技能型人才新途径、新方法，
引导高职院校关注行业在"机器人技术应用"方面的发展趋势及新技术的应用。展示高
职院校在信息技术、自动控制技术、机械技术等领域的教学改革与实践成果，普及机器
人技术；激发学生学习兴趣，拓展学生视野，丰富学生知识，提升学生的综合素质与能
力，培养团队意识与合作精神；促进高职院校间相关专业教学改革成果交流，促进机器
人技术综合应用高技能人才的培养。

（4）竞赛内容与规则　模拟建造高铁的工作过程，在机器人平台实现工件的自动识
别、抓取、运输和投放功能（如图 11-43～图 11-45 所示）。

① 竞赛内容。参赛队使用大赛组委会指定的机器人平台，在此基础上设计制作能够
满足比赛要求的机器人，使机器人在比赛场地中完成比赛任务。

② 竞赛方式。本项目为团队比赛，每个参赛队由 3 名选手（设场上队长一名）和 1～2

名指导教师组成。

图11-43　高职机器人比赛现场（1）

图11-44　高职机器人比赛现场（2）

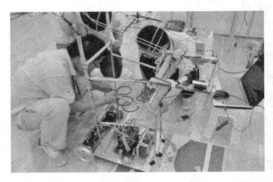

图11-45　高职机器人比赛现场（3）

5. 中国青少年机器人竞赛

中国青少年机器人竞赛（如图11-46、图11-47所示）是在《2000~2005年科学技术普及工作纲要》和《2001~2005年中国青少年科学普及活动指导纲要》的倡导下，开展的一项适应21世纪青少年需求的，富有时代性、创新性、参与性和普及性的青少年科普活动。从2001年举办第一届起，该活动在探索中逐步成熟，已发展成为汇集全国32个省、自治区、直辖市及港、澳地区青少年机器人技术爱好者共同参与的，颇有影响的青少年示范活动。这项活动越来越受到广大青少年机器人爱好者的欢迎和社会各界的关注。青少年机器人竞赛活动不仅为青少年提供展现才智的平台，还积极架起国内青少年与国外青少年互动交流的桥梁。

图11-46　中国青少年机器人竞赛现场（1）

图11-47　中国青少年机器人竞赛现场（2）

6. VEX机器人世界锦标赛

VEX机器人大赛是一项旨在通过推广教育型机器人，拓展中学生和大学生对科学、技术、工程和数学领域的兴趣，提高并促进学生的团队合作精神、领导才能和解决问题的能力。

VEX机器人世界锦标赛的宗旨：以科技为本，给所有学生提供获得科技和交流以及展现自己才能的平台，激发他们的科技潜能，成就他们的科技梦想。

VEX机器人世界锦标赛的组织者：加利福尼亚州立大学（California State University）、卡内基梅隆大学（CMU）等；加州未来基金会（The Future Foundation）、内布拉斯加州大未来基金会（Great Future Foundation）、南加州机器人技术论坛（Southern California Regional Robotics Forum）；美国著名的Autodesk公司、Universal Studio公司、Innovation First, Inc（简称IFI公司）等。

VEX机器人世界锦标赛的支持者：美国太空总署（NASA）、美国易安信公司（EMC）、亚洲机器人联盟（Asian Robotics League）、其他美国公司。

VEX机器人工程挑战赛事·国际赛事：比赛分手动和自动两种机器人比赛（如图11-48、图11-49所示）；互动性强，对抗激烈，惊险刺激；突出机械结构、传动系统的功能设计；创意设计和对抗性比赛的最佳结合；将项目管理和团队合作纳入考察范围；重视竞争和结果，更重视体验过程；为参与者提供更真实的工程体验。

通过VEX机器人工程挑战赛事·国际赛事，教师可以检验机器人教学成果。学生在实践中体验科技、锻炼能力，将创新构想应用于现实目标，在高水平技术交流中快速提高，获得团队组织和合作能力，尊重对手，尊重自己，获得参与国际竞赛的机会。VEX机器人工程挑战赛提供更开放的创意空间，不再"千机一面"，同样的规则下，总可以设计出和别人不一样的、更优秀的机器人。

图11-48　中国VEX机器人竞赛现场（手动）　　图11-49　中国VEX机器人队参加国际大赛（自动）

三、机器人考级考证

全国青少年机器人技术等级考试是由中国电子学会发起的面向青少年机器人技术能力水平的社会化评价项目。中国电子学会是工业和信息化部直属事业单位，是中国科学技术协会的团体会员单位。

全国青少年机器人技术等级考试面向年龄为8~18周岁，学级为小学2年级至高中3年级的青少年群体。

全国青少年机器人技术等级考试设有独立的标准工作组、教材编写组和考试服务组。考试采用在线计算机考试（如图11-50所示）与动手实际操作考试相结合的方式。考试标准汲取国内外高校的人才选拔标准，支持创客教育的实践与工程化理念，全面考察青少年在机械结构、电子电路、软件编程、智能硬件应用、传感器应用、通信等方面的知识能力和实践能力。

等级考试不指定任何机器人器材品牌型号，全面体现考试标准的公正性、权威性与前沿性。

图11-50　全国青少年机器人技术等级考试

整个标准划分为八个等级。

1. 一级标准

考试科目：机器人搭建、机器人常用知识。

考试内容：

（1）知识

① 了解主流的机器人影视作品及机器人形象。

② 会分辨稳定结构和不稳定结构。

③ 会计算齿轮组的变速比例。

④ 能够区分省力杠杆和费力杠杆。

⑤ 能够区分哪种滑轮会省力。

⑥ 了解链传动和带传动各自的优缺点。

⑦ 了解不同种类的齿轮

（2）实践

① 基本结构认知。

② 知道六种简单机械原理（杠杆，轮轴，滑轮，斜面，楔，螺旋）。

③ 齿轮和齿轮比。

④ 链传动和带传动。

⑤ 机器人常用底盘（轮式和履带）。

2. 二级标准

考试科目：机器人搭建、机器人常用知识。

考试内容：

（1）知识

① 了解中国及世界机器人领域的重要历史事件。

② 知道机器人领域重要的科学家。

③ 知道重要的机器人理论及相关人物。

④ 知道凸轮、滑杆、棘轮、曲柄等特殊结构在生活中的应用。

（2）实践

① 使用电池盒类型的遥控器控制电机运转。

② 能够连接独立的电池盒、开关以及电机。

③ 完成凸轮、滑杆、棘轮、曲柄、连杆等特殊结构模型制作。

④ 驱动电机完成一定任务。

⑤ 掌握如何区分不同的曲柄连杆机构。

⑥ 了解电机的工作原理。

⑦ 了解摩擦力的产生条件和分类。

⑧ 了解凸轮结构中从动件的运动轨迹。

3. 三级标准

考试科目：机器人常用知识、电子电路搭建。

考试内容：

（1）知识

① 掌握电流、电压、电阻、导体、半导体等概念。

② 掌握串联、并联的概念。

③ 了解模拟量、数字量、I/O 口输入/输出等概念。

④ 了解电子电路领域的相关理论及相关人物。

⑤ 了解二极管特性。

⑥ 掌握程序的顺序、选择、循环三种基本结构。

⑦ 掌握程序流程图的绘制。

⑧ 掌握图形化编程软件的使用。

⑨ 掌握变量的概念和应用。

⑩ 了解函数的定义。

（2）电子电路

① 掌握简单串联并联电路的连接。

② 掌握搭建不同 LED 显示效果电路的内容。

③ 掌握处理按键类型的开关输入信号的内容。

④ 掌握使用光敏电阻搭建环境光线检测感应电路的内容。

⑤ 掌握通过可调电阻控制LED的亮度变化的内容。

⑥ 掌握控制蜂鸣器发声的内容。

4. 四级标准

考试科目：机器人搭建、机器人常用知识。

考试内容：

（1）知识

① 掌握数学（加减乘除）、比较（大于小于等于）及逻辑（与或非）运算。

② 了解数值在二进制、十进制和十六进制之间进行的换算。

③ 掌握驱动电机和伺服电机运转的内容。

④ 掌握已有的一些传感器功能函数的使用。

⑤ 熟练通过编程实现选择结构和循环结构。

⑥ 掌握函数的应用，能够完成自定义的函数。

⑦ 了解类库的概念。

⑧ 了解自律性机器人的行动方式。

⑨ 了解细分领域的机器人理论及相关人物。

⑩ 掌握较为合理的使用变量和自定义函数的内容。

（2）机器人搭建　这部分实践操作主要是搭建能够完成指定任务的机构，与语言程序设计中的内容有部分交叉。

① 掌握使用输出数字信号的传感器的内容，如灰度传感器、接近开关、触碰传感器。

② 掌握使用输出模拟量信号的传感器内容，如光线强度传感器。

③ 掌握使用输出数字脉冲信号的传感器的内容，如超声波测距传感器、红外遥控信号接收传感器。

④ 掌握驱动电机或伺服电机运转的内容。

⑤ 掌握数学（加减乘除）、比较（大于小于等于）及逻辑（与或非）运算。

⑥ 熟练应用控制器I/O口实现数字量输出。

⑦ 掌握控制机器人平台移动的内容。

⑧ 了解利用三极管完成控制电路通断的电路。

⑨ 掌握简单的自律型机器人的制作（如简单避障、单线条巡线）。

⑩ 熟练通过编程实现选择结构和循环结构。

⑪ 掌握函数的应用，能够完成自定义的函数。

5. 五级标准

考试科目：电子电路搭建、机器人常用知识。

考试内容：

（1）知识

① 了解集成电路、微控制器领域的知名产品，重大工程项目。

② 了解并行通信与串行通信的优缺点。

③ 了解ROM、RAM、Flash、EEPROM多种存储器之间的不同。

④ 了解中断程序的运行机制。

⑤ 掌握一维数组和二维数组的应用。

⑥ 了解 I²C 总线通信。

⑦ 了解 UART 串行通信。

⑧ 了解 SPI 总线通信。

⑨ 掌握类库的应用。

⑩ 了解报文的含义和组成。

（2）电子电路的搭建

① 熟练使用数码管显示数字，会使用译码器功能的集成电路。

② 掌握通过 I²C 总线通信获取传感器的值，如 I²C 总线的姿态传感器、RTC 实时时钟。

③ 掌握通过 I²C 总线通信控制芯片 I/O 口的输出，如使用芯片 PCA8574。

④ 掌握使用其他串行方式控制芯片 I/O 口的输出，如使用芯片 74HC595。

⑤ 掌握通过串行通信端口进行数据通信，如使用蓝牙模块或与计算机通信。

⑥ 掌握 LED 点阵或液晶的显示。

⑦ 掌握类库的应用。

6. 六级标准

考试科目：机器人搭建、机器人常用知识。

考试内容：

（1）知识

① 了解中国及世界机器人领域的知名产品，重大工程项目。

② 了解一些常见的机器人的工作方式。

③ 了解步进电机和伺服电机的工作原理。

④ 掌握库文件编写。

⑤ 了解控制理论及 PID 控制。

⑥ 了解机构材料中强度和稳定的概念。

（2）机器人搭建

① 掌握机器臂运转的控制。

② 掌握机械夹持开合的控制。

③ 掌握将数据保存在 EEPROM 中的内容，保证机器人意外掉电时能够记录之前的状态。

④ 掌握十字路口的巡线动作。

⑤ 掌握走迷宫操作。

⑥ 掌握步进电机、伺服电机等器件的使用，能够利用它们完成特定的功能。

⑦ 掌握通过 WIFI 模块进行数据通信，如 ESP8266。

7. 七级标准

考试科目：机器人搭建、机器人常用知识。

考试内容：

（1）知识

① 掌握解释型编程语言的应用。

② 了解多种编程语言的形式和特点。

③ 了解不同处理器之间的差别。

④ 了解常用Linux命令行操作。

（2）机器人搭建　掌握一个通过网页来控制的机器人的制作，服务器端运行在机器人上，可控制机器人的移动以及机械臂的运动，同时机器人能够自己处理避障、防跌落的情况。

8. 八级标准

考试科目：机器人搭建、机器人常用知识。

考试内容：

（1）知识

① 了解常用嵌入式系统软件。

② 了解进行语音处理的主要公司。

③ 了解常见的机器人操作系统。

④ 了解数据处理的内容。

⑤ 了解智能算法的内容。

（2）机器人搭建

① 掌握非特定语音控制机器人的内容，机器人通过网络来处理语音信息。

② 掌握机器人跟随特定的颜色或物体进行移动的内容。

③ 掌握让机器人识别人类的面部表情并完成指定的任务和内容。

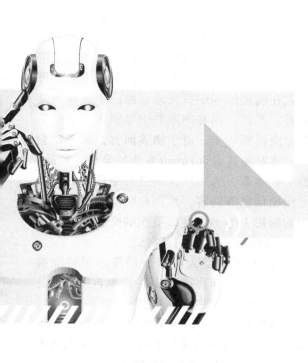

第十二章
AI与机器人

一、AI与机器人应用案例

① 添财智慧报账 AI 机器人，是一台自助报销发票的智能财务机器人，充分融合人工智能、互联网、物联网、区块链、云计算、OCR 识别等多项新技术，如图 12-1 所示。

添财智慧报账 AI 机器人具备发票信息智能读取、智能安全封装、在线验真查重、发票验证统计、会计账务处理、发票认证抵扣及智能化报销等七大功能。前端设备可以提供全员报账、票据交收、扫描、查验、存管等一站式自助服务，后台的"智能财税平台"将前端设备获取的信息与公司业务系统衔接，通过一系列自动化、智能化的处理，自动完成全部报账流程。该 AI 机器人可以为公司提供便捷、高效、安全、经济的财务报账服务，降低成本，提高效率，强化风险管控，助力企业实现财务数字化转型。

图12-1　智能添财智慧报账 AI 机器人

② 在浙江宁波余姚召开的第六届中国机器人峰会的展览现场，有一台扑闪着"大眼睛"主动问候观众的服务机器人。这是来自猎户星空的 AI 智能服务机器人"豹小秘"，如图 12-2 所示。据展台工作人员介绍，"豹小秘"具备人脸识别功能，无需语音唤醒就可主动上前与人打招呼，并回答人们的问题。目前，"豹小秘"已经在多个场景落地应用，包

括博物馆、政务大厅、购物中心、连锁超市等。以连锁超市场景为例，去年年底，"豹小秘"亮相北京物美超市，它不仅能够做到基本的问询服务，还能够引导顾客到特定的购物区，购买他们想要的商品。机器人底部的激光雷达，可以帮助它在前进过程中机灵地避障，不会碰到其他购物者。不过，回答问题并引导顾客只是"豹小秘"上岗的第一步，对于物美而言，未来"豹小秘"还将对接其多点Dmall系统的会员、商品、营销数字化体系，为用户提供更加个性化的商品介绍、促销信息等内容，承担起智能选品、商品推荐、购物指引等多维度深层次的交互活动，让消费者的购物体验简单快捷且高效。

图12-2　AI智能服务机器人"豹小秘"

③ 浙江小远机器人有限公司推出了智能推车，如图12-3所示。该智能推车可以成为"小跟班"，帮人们搬运物品。据展台工作人员介绍，这个"小跟班"自重20kg，可以承载30kg的重物，使用场景主要为机场、酒店、物业园区、商业超市，可以用手机扫码租车，随借随用。在工作人员的演示过程中，"小跟班"可以做到自动跟随，最大跟随速度为0.7m/s，不过仍需遥控器控制。工作人员表示，在他们的设想中，超市会是很重要的一个应用场景，尤其是智慧零售超市。

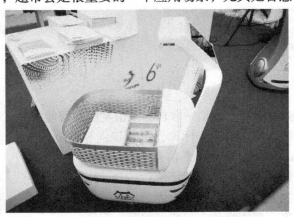

图12-3　智能推车

实际上，类似的智能购物跟随车已经在一些商业超市投入了使用。2018年1月在重庆开业的永辉BRAVO智能体验超市就投入了蚂蚁造型的智能跟随购物车，京东旗下的7Fresh也配备了智能跟随购物车，可以让顾客佩戴手环后实现跟随。

④ 友悦宝教育机器人X11是一款专业的英语学习机器人，如图12-4所示，设计了英语学习中最常用的翻译功能，过去查单词用电子词典，现在直接用机器人即可，例如，如果要用英语说"妈妈，我长大想当一个科学家"，机器人就会告诉你英语的表达方式。

⑤ 360 AI扫地机器人T90是一款主推AI功能的家用扫地机器人产品，如图12-5所示。T90搭载了来自360研究院的无人驾驶技术、无力识别技术以及深度学习技术，机身通体搭载22类传感器。除了目前常见的手机APP操控外，T90还支持目前市面上主流的6

个品牌智能音箱操控，在人机交互的体验上提供了更多可能。

图12-4　友悦宝教育机器人

图12-5　360 AI扫地机器人T90

⑥ 2019年，福建首款人工智能农业机器人正式在中国-以色列示范农场智能蔬果大棚开始全天候生产巡检，标志着福建人工智能农业机器人从研发阶段正式进入了实际应用阶段。

这款机器人外观为白色的卡通人物（如图12-6所示），有清晰的五官和手脚，通过底部的轮子可完成360°旋转和移动，流畅地沿着栽培槽自动巡检、定点采集、自动转弯、自动返航、自动充电，如果途中遇到障碍物还能自动绕行。据介绍，与农业物联网的传感器相比，这款农业机器人可以实时移动，不仅采集的点位更多，而且图像和数据更全面和精准。与人工田间检测相比，农业机器人可以全天候工作，采集数据更详细和连续。

机器人耳朵还安装了两个700万像素摄像头，眼睛安装了两个500万像素摄像头，头顶安装风速风力、二氧化碳、光合辐射等感应器，嘴巴下方安装温度、湿度传感

图12-6　人工智能农业机器人

器，实现了农业生产环境的智能感知、实时采集。

目前，这款机器人已可以实时回传大量清晰的图像和视频，不仅实现了通过VR进行远程会诊、远程教学等功能，也为后续的人工智能应用提供了更多基础数据来源。

⑦ 2019年8月30日上午，2019年世界人工智能大会·国际日在上海世博展览馆开幕，这是世界人工智能大会首次设立"国际日"，聚集国际城市代表、重量级院士专家、国际创新企业代表，共同打造世界顶尖的人工智能交流平台。

意大利机器人特奥的登台献艺，成为国际日开幕式上的最大亮点和看点，如图12-7所示。

现场，由马特奥·苏兹设计制造的钢琴机器人特奥，依赖大量动态控制关节弹奏钢

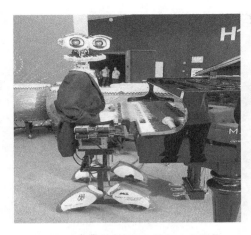

图12-7 意大利机器人特奥登台献艺

琴，其53根手指可以极为迅速准确地移动进行钢琴弹奏和歌唱。每当某几根手指摁动琴键的时候，就会发出蓝光，就像"跳跃的音符"。其嘴部也是采用独特的钢琴琴键造型，可以随着歌曲的旋律变换丰富的口型。

⑧ 2019年7月，顶尖学术刊物《科学》杂志公布：美国卡内基梅隆大学教授贺斌的团队开发出了一种可与大脑无创连接的脑机接口，能让人用意念控制机器臂连续、快速运动。这个脑机接口（如图12-8所示）不需要在头上开洞植入电极和芯片，而是直接从人的头皮上获取神经信号，带顶"电极帽"就可以指挥外物，可以说是随带随取、人畜无害，普通人也能用。

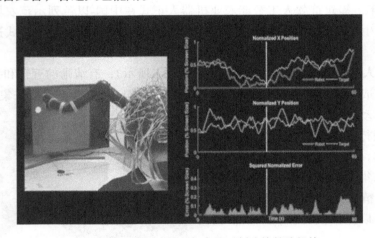

图12-8 贺斌团队的一种可与大脑无创连接的脑机接口

⑨ 中国航天科技集团直属研究所、国网四川电力公司检修公司联合开发的国内首款基于VR真实场景感知+人机一体的变电站远程遥控"机甲战士"，已在成都上岗并工作（如图12-9所示）。该机器人具有3D图像采集传输、智能传感、人体动作捕捉、深度学习算法、自主建图与导航等技术，并拥有高性能的履带行进能力，可实现双臂协同操作、双向语音通话、高清立体视频及现场传感信息的回传反馈等功能。

⑩ 据《每日邮报》报道，半导体巨头英伟达首次推出"厨房达人"机器人（如图12-10所示），它通过AI和深度学习检测和跟踪物体，记录厨房里门和抽屉的位置，甚至可以自己开关抽屉和门。

厨房达人还可通过AI和机器学习识别原材料，有朝一日可以帮助人类做饭。英伟达的厨房机器人只是该公司新实验室正在研发的机器人之一。该实验室的重点是"cobots"，也可称为协同机器人。协同机器人可以在工厂、医院工作，帮助残疾人，或者在厨房发挥作用。

图12-9　"机甲战士"查验进出大门的司机的证件　　　　图12-10　"厨房达人"机器人

二、AI技术

　　人工智能（Artificial Intelligence），英文缩写为AI。它是研究、开发用于模拟、延伸和扩展人的智能的理论、方法、技术及应用系统的一门新的技术科学。

　　AI技术包含的两个方面是人工和智能。它是计算机学科的一个分支，主要是希望能以机器实现与人类相似的智能。人工就是指人能做的事情，因为智能的构成主要涉及意识、思维、自我。简单地说人工智能就是通过计算机去实现人类的智能活动，或者构造出具有一定智能的人工系统。

　　现代意义上的AI技术研究领域包括语言处理、图像识别、语言识别。主要目的就是想让计算机能够进行人类一样的思考和学习。AI技术涉及的不仅仅有生物学、神经学，还有心理学，甚至是哲学和社会科学等领域。AI技术包括机器学习和知识获取、指纹识别、人脸识别、智能搜索、计算机视觉、智能机器人、自动程序设计、逻辑推理、信息感应与辨证处理等诸多方面。

　　当前10种最热门的人工智能技术如下。

　　① 自然语言生成：利用计算机数据生成文本。目前应用于客户服务、报告生成以及总结商业智能洞察力。

　　② 语音识别：将人类语音转录和转换成对计算机应用软件来说有用的格式。目前应用于交互式语音应答系统和移动应用领域。

　　③ 虚拟代理：虚拟代理是媒体界目前竞相报道的对象。其应用从简单的聊天机器人，到可以与人类进行交际的高级系统，不一而足。目前应用于客户服务和支持以及充当智能家居管理器。

　　④ 机器学习平台：不仅提供设计和训练模型，并将模型部署到应用软件、流程及其

他机器的计算能力，还提供算法、应用编程接口（API）、开发工具包和训练工具包。目前应用于一系列广泛的企业应用领域，主要涉及预测或分类。

⑤ 针对人工智能优化的硬件：这是专门设计的图形处理单元（GPU）和设备，其架构旨在高效地运行面向人工智能的计算任务。目前主要在深度学习应用领域发挥作用。

⑥ 决策管理：引擎将规则和逻辑嵌入到人工智能系统，并用于初始的设置、训练和日常的维护和调优。这是一项成熟的技术，应用于一系列广泛的企业应用领域，协助或执行自动决策。

⑦ 深度学习平台：一种特殊类型的机器学习，包括拥有多个抽象层的人工神经网络。目前主要应用于由很庞大的数据集支持的模式识别和分类应用领域。

⑧ 生物特征识别技术：能够支持人类与机器之间更自然的交互，包括但不限于图像和触摸识别、语音和身体语言。目前主要应用于市场研究。

⑨ 机器人流程自动化：使用脚本及其他方法，实现人类操作自动化，从而支持高效的业务流程。目前应用于人类执行任务或流程成本太高或效率太低的地方。

⑩ 文本分析和NLP：自然语言处理（NLP）使用和支持文本分析，借助统计方法和机器学习方法，为理解句子结构及意义、情感和意图提供方便。目前应用于欺诈检测和安全、一系列广泛的自动化助理以及挖掘非结构化数据等领域。

如图12-11所示，20世纪50年代，人工智能曾一度被极为看好。之后，人工智能的一些较小的子集发展了起来。先是机器学习，然后是深度学习。深度学习又是机器学习的子集。深度学习造成了前所未有的巨大影响。深度学习是当今人工智能大爆炸的核心驱动。我们目前能实现的，一般被称为"弱人工智能"（Narrow AI）。弱人工智能是能够与人一样，甚至比人更好地执行特定任务的技术。例如，Pinterest上的图像分类，或者Facebook的人脸识别。

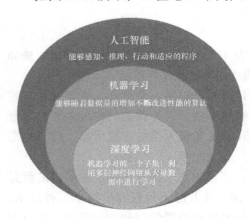

图12-11　人工智能、机器学习、深度学习之间的联系

1. 机器学习

机器学习——一种实现人工智能的方法。机器学习最基本的做法是使用算法来解析数据，从中学习，然后对真实世界中的事件做出决策和预测。与传统的为解决特定任务、硬编码的软件程序不同，机器学习是用大量的数据来"训练"，通过各种算法从数据中学习如何完成任务。

机器学习直接来源于早期的人工智能领域。传统算法包括决策树学习、推导逻辑规划、聚类、分类、回归、强化学习和贝叶斯网络等。

机器学习最成功的应用领域是计算机视觉，虽然也还是需要大量的手工编码来完成工作。人们需要手工编写分类器、边缘检测滤波器程序，以便让程序能识别物体从哪里开始，到哪里结束；编写形状检测程序来判断检测对象是不是有八条边；编写分类器来识别字母"S-T-O-P"。使用以上这些手工编写的程序，人们总算可以开发算法来感知图像，判断图像是不是一个停止标志牌。

2. 深度学习

深度学习是机器学习的一种，而机器学习是实现人工智能的必经之路。深度学习的概念源于人工神经网络的研究，含有多个隐藏层的多层感知器就是一种深度学习结构。深度学习通过组合低层特征形成更加抽象的高层特征，表示属性类别或特征，以发现数据的分布式特征表示。研究深度学习的动机在于建立模拟人脑进行分析学习的神经网络，它模仿人脑的机制来解释数据，例如图像、声音和文本等。

深度学习是一类模式分析方法的统称，就具体研究内容而言，主要涉及三类方法。

① 基于卷积运算的神经网络系统，即卷积神经网络（CNN）。

② 基于多层神经元的自编码神经网络，包括自编码（Auto encoder）以及近年来受到广泛关注的稀疏编码（Sparse Coding）两类。

③ 以多层自编码神经网络的方式进行预训练，进而结合鉴别信息进一步优化神经网络权值的深度置信网络（DBN）。

（1）深度学习的特点

① 强调了模型结构的深度，通常有5层、6层，甚至10多层的隐层节点。

② 明确了特征学习的重要性。也就是说，通过逐层特征变换，将样本在原空间的特征表示变换到一个新特征空间，从而使分类或预测更容易。与人工规则构造特征的方法相比，利用大数据来学习特征，更能够刻画数据丰富的内在信息。

通过设计建立适量的神经元计算节点和多层运算层次结构，选择合适的输入层和输出层，通过网络的学习和调优，建立起从输入到输出的函数关系，虽然不能百分之百找到输入与输出的函数关系，但是可以尽可能地逼近现实的关联关系。使用训练成功的网络模型，就可以实现我们对复杂事务处理的自动化要求。

（2）深度学习典型模型　典型的深度学习模型有卷积神经网络（convolutional neural network）、DBN和堆栈自编码网络（stacked auto-encoder network）模型等，下面对这些模型进行描述。

① 卷积神经网络模型。在无监督预训练出现之前，训练深度神经网络通常非常困难，而其中一个特例是卷积神经网络。卷积神经网络受视觉系统的结构启发而产生。卷积神经网络计算模型基于神经元之间的局部连接和分层组织图像转换，将有相同参数的神经元应用于前一层神经网络的不同位置，得到一种平移不变神经网络结构形式。后来，Le Cun等人在该思想的基础上，用误差梯度设计并训练卷积神经网络，在一些模式识别任务上得到优越的性能。至今，基于卷积神经网络的模式识别系统是最好的实现系统之一，尤其在手写体字符识别任务上表现出非凡的性能。

② 深度信任网络模型。DBN可以解释为贝叶斯概率生成模型，由多层随机隐变量组成，上面的两层具有无向对称连接，下面的层得到来自上一层的自顶向下的有向连接，最底层单元的状态为可见输入数据向量。DBN由若干结构单元堆栈组成，结构单元通常为RBM（Restricted Boltzmann Machine，受限玻尔兹曼机）。堆栈中每个RBM单元的可视层神经元数量等于前一RBM单元的隐层神经元数量。根据深度学习机制，采用输入样例训练第一层RBM单元，并利用其输出训练第二层RBM模型，将RBM模型进行堆栈，通过增加层来改善模型性能。在无监督预训练过程中，DBN编码输入到顶层RBM后，解码顶层的状态到最底层的单元，实现输入的重构。RBM作为DBN的结构单元，与每一层

DBN共享参数。

③ 堆栈自编码网络模型。堆栈自编码网络的结构与DBN类似，由若干结构单元堆栈组成，不同之处在于其结构单元为自编码模型（auto encoder）而不是RBM。自编码模型是一个两层的神经网络，第一层称为编码层，第二层称为解码层。

（3）深度学习训练过程　2006年，Hinton提出了在非监督数据上建立多层神经网络的一个有效方法，具体分为两步：首先逐层构建单层神经元，这样每次都是训练一个单层网络；当所有层训练完后，使用wake-sleep算法进行调优。

将除最顶层的其他层间的权重变为双向的，这样最顶层仍然是一个单层神经网络，而其他层则变为了图模型。向上的权重用于"认知"，向下的权重用于"生成"。然后使用wake-sleep算法调整所有的权重。让"认知"和"生成"达成一致，也就是保证"生成"的最顶层表示能够尽可能正确地复原底层的节点。比如顶层的一个节点表示人脸，那么所有人脸的图像应该激活这个节点，并且这个结果向下生成的图像应该能够表现为一个大概的人脸图像。wake-sleep算法分为醒（wake）和睡（sleep）两个部分。

wake阶段：认知过程，通过外界的特征和向上的权重产生每一层的抽象表示，并且使用梯度下降修改层间的下行权重。

sleep阶段：生成过程，通过顶层表示和向下权重，生成底层的状态，同时修改层间向上的权重。

（4）自下上升的非监督学习　自下上升的非监督学习就是从底层开始，一层一层地往顶层训练，采用无标定数据（有标定数据也可）分层训练各层参数，这一步可以看作是一个无监督训练过程，这也是和传统神经网络区别最大的部分，可以看作是特征学习过程。具体的，先用无标定数据训练第一层，训练时先学习第一层的参数，这层可以看作是得到一个使得输出和输入差别最小的三层神经网络的隐层，由于模型容量的限制以及稀疏性约束，使得得到的模型能够学习到数据本身的结构，从而得到比输入更具有表示能力的特征。在学习得到 $n-1$ 层后，将 $n-1$ 层的输出作为第 n 层的输入，训练第 n 层，由此分别得到各层的参数。

（5）自顶向下的监督学习　自顶向下的监督学习就是通过带标签的数据去训练，误差自顶向下传输，对网络进行微调。基于第一步得到的各层参数进一步优调整个多层模型的参数，这一步是一个有监督训练过程。第一步类似神经网络的随机初始化初值过程，由于第一步不是随机初始化，而是通过学习输入数据的结构得到的，因而这个初值更接近全局最优，从而能够取得更好的效果。所以深度学习的良好效果在很大程度上归功于第一步的特征学习的过程。

3. 应用

（1）计算机视觉　香港中文大学的多媒体实验室是最早应用深度学习进行计算机视觉研究的华人团队。在世界级人工智能竞赛LFW（大规模人脸识别竞赛）上，该实验室曾力压FaceBook夺得冠军，使得人工智能在该领域的识别能力首次超越真人。

（2）语音识别　微软研究人员通过与Hinton合作，首先将RBM和DBN引入到语音识别声学模型训练中，并且在大词汇量语音识别系统中获得巨大成功，使得语音识别的错误率相对减低30%。但是，DNN还没有有效的并行快速算法，很多研究机构都是在利用大规模数据语料通过GPU平台提高DNN声学模型的训练效率。

在国际上，IBM、Google等公司都快速进行了DNN语音识别的研究，并且进度飞快。

国内方面，阿里巴巴、科大讯飞、百度、中科院自动化所等公司或研究单位，也在进行深度学习在语音识别上的研究。

（3）自然语言处理等其他领域 很多机构在开展相关研究。2013年，Tomas Mikolov、Kai Chen、Greg Corrado、Jeffrey Dean发表论文 *Efficient Estimation of Word Representations in Vector Space*，建立word2vector模型，与传统的词袋模型（bag of words）相比，word2vector能够更好地表达语法信息。深度学习在自然语言处理等领域主要应用于机器翻译以及语义挖掘等方面。

三、AI的芯片技术

1. AI芯片介绍

AI芯片也被称为AI加速器或计算卡，即专门用于处理人工智能应用中的大量计算任务的模块（其他非计算任务仍由CPU负责）。当前，AI芯片按结构主要分为 GPU（图形处理器）、FPGA、ASIC、模仿人脑神经元结构设计的类脑芯片。按用途主要分为两类：一类是面向终端的有一定深度学习能力的芯片，如麒麟970、苹果A11神经网络芯片，主要是在图像处理等场景中有更强的计算能力；一类是面向云端的进行大规模AI计算的芯片，国外谷歌TPU已进化到3.0版本，国内有寒武纪MLU100等。

目前，AI芯片的研发方向主要分两种：一是基于传统冯·诺依曼架构的FPGA（现场可编程门阵列）和ASIC（专用集成电路）芯片；二是模仿人脑神经元结构设计的类脑芯片。其中FPGA和ASIC芯片不管是研发还是应用，都已经形成一定规模，而类脑芯片虽然还处于研发初期，但具备很大潜力，可能在未来成为行业内的主流。

2. AI芯片技术发展历程

（1）GPU（图形处理器）芯片 2007年以前，受限于当时算法和数据等因素，AI对芯片还没有特别强烈的需求，通用的CPU芯片即可提供足够的计算能力。比如手机或电脑里就有CPU芯片。

之后由于高清视频和游戏产业的快速发展，GPU（图形处理器）芯片得以迅速发展。因为GPU有更多的逻辑运算单元用于处理数据，属于高并行结构，在处理图形数据和复杂算法方面比 CPU 更有优势，又因为AI深度学习的模型参数多、数据规模大、计算量大，此后一段时间内 GPU 代替了CPU，成为当时AI 芯片的主流。

GPU比CPU有更多的逻辑运算单元（ALU），然而GPU毕竟只是图形处理器，不是专门用于AI深度学习的芯片，自然存在不足，比如在执行AI应用时，其并行结构的性能无法充分发挥，导致能耗高。

与此同时，AI技术的应用日益增长，在教育、医疗、无人驾驶等领域都能看到AI的身影。然而GPU芯片过高的能耗无法满足产业的需求，因此取而代之的是FPGA 芯片和

ASIC 芯片。

（2）FPGA "万能芯片" FPGA（Field Programmable Gate Array），即 "现场可编程门阵列"，是在PAL、GAL、CPLD等可编程器件的基础上进一步发展的产物。

FPGA 可以被理解为 "万能芯片"。用户通过烧录 FPGA 配置文件，来定义这些门电路以及存储器之间的连线，用硬件描述语言（HDL）对FPGA的硬件电路进行设计。每完成一次烧录，FPGA内部的硬件电路就有了确定的连接方式，具有了一定的功能，输入的数据只需要依次经过各个门电路，就可以得到输出结果。

简单地说，"万能芯片" 就是你需要它有哪些功能，它就能有哪些功能的芯片。

尽管叫 "万能芯片"，FPGA也不是没有缺陷。正因为FPGA的结构具有较高灵活性，量产中单块芯片的成本也比ASIC芯片高，并且在性能上，FPGA芯片的速度和能耗相比ASIC芯片也做出了妥协。

也就是说，"万能芯片" 虽然是个 "多面手"，但它的性能比不上ASIC芯片，价格也比ASIC芯片更高。

但是在芯片需求还未成规模、深度学习算法需要不断迭代改进的情况下，具备可重构特性的FPGA芯片适应性更强。因此用FPGA来实现半定制人工智能芯片，毫无疑问是保险的选择。

截至2018年，FPGA芯片市场被美国厂商Xilinx和Altera瓜分。据国外媒体Marketwatch的统计，前者占全球市场份额 50%、后者占35%左右，两家厂商霸占了85%的市场份额，专利达到6000多项，毫无疑问是行业里的两座大山。

Xilinx的FPGA芯片从低端到高端，分为四个系列，分别是Spartan、Artix、Kintex、Vertex，芯片工艺也从45~16nm不等。芯片工艺水平越高，芯片越小。其中Spartan（如图12-12所示）和Artix主要针对民用市场，应用包括无人驾驶、智能家居等；Kintex和Vertex主要针对军用市场，应用包括国防、航空航天等。

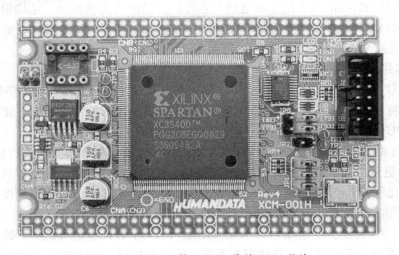

图12-12　Xilinx的Spartan系列FPGA芯片

Altera的主流FPGA芯片分为两大类，一种侧重低成本应用，容量中等，性能可以满足一般的应用需求，如Cyclone和MAX系列；还有一种侧重于高性能应用，容量大，性能能满足各类高端应用，如Startix和Arria系列。Altera的FPGA芯片主要应用在消费电子、无线通信、军事航空等领域。

（3）专用集成电路ASIC 在AI产业应用大规模兴起之前，使用FPGA这类适合并行计算的通用芯片来实现加速，可以避免研发ASIC这种定制芯片的高投入和风险。但通用芯片的设计初衷并非专门针对深度学习，因此FPGA难免存在性能、功耗等方面的瓶颈。随着人工智能应用规模的扩大，这类问题将日益突出。换句话说，我们对人工智能所有的美好设想，都需要芯片追上人工智能迅速发展的步伐。如果芯片跟不上，就会成为人工智能发展的瓶颈。

所以，随着近几年人工智能算法和应用领域的快速发展，以及研发上的成果和工艺上的逐渐成熟，ASIC芯片正在成为人工智能计算芯片发展的主流。

ASIC芯片是针对特定需求而定制的专用芯片。虽然牺牲了通用性，但ASIC无论是在性能、功耗还是体积上，都比FPGA和GPU芯片有优势，特别是在需要芯片同时具备高性能、低功耗、小体积的移动端设备上，比如手机。

但是，因为其通用性低，ASIC芯片的高研发成本也可能会带来高风险。然而如果考虑市场因素，ASIC芯片其实是行业发展的大趋势。因为从服务器、计算机到无人驾驶汽车、无人机，再到智能家居的各类家电，海量的设备需要引入人工智能计算能力和感知交互能力。出于对实时性的要求，以及训练数据隐私等考虑，这些能力不可能完全依赖云端，必须要有本地的软硬件基础平台支持。而ASIC芯片高性能、低功耗、小体积的特点恰好能满足这些需求。

ASIC芯片以英伟达和谷歌两家大公司最为典型。

2016年，英伟达发布了专门用于加速AI计算的Tesla P100芯片，并且在2017年升级为Tesla V100，如图12-13所示。在训练超大型神经网络模型时，Tesla V100可以为深度学习相关的模型训练和推断应用提供高达125万亿次每秒的张量计算（张量计算是AI深度学习中最经常用到的计算）。然而在最高性能模式下，Tesla V100的功耗达到了300W，虽然性能强劲，但也毫无疑问是颗"核弹"，因为太费电了。

图12-13　英伟达Tesla V100芯片

同样在2016年，谷歌发布了加速深度学习的TPU（Tensor Processing Unit）芯片，如图12-14所示，并且之后升级为TPU 2.0和TPU 3.0。与英伟达的芯片不同，谷歌的TPU芯片设置在云端，并且"只租不卖"，服务按小时收费。不过谷歌TPU的性能也十分强大，算力达到180万亿次每秒，并且功耗只有200W。

（4）类脑芯片 目前所有电脑，包括以上谈到的所有芯片，都基于冯·诺依曼架构，然而这种架构并非十全十美。将CPU与内存分开的设计反而会导致所谓的冯·诺伊曼瓶颈（von Neumann bottleneck）：CPU与内存之间的资料传输率，与内存的容量和CPU的工作效率相比都非常小，因此当CPU需要在巨大的资料上执行一些简单指令时，资料传输率就成了整体效率非常严重的限制，既然要研制人工智能芯片，那么有的专家就回归问题本身，开始模仿人脑的结构（如图12-15所示）。

图12-14　谷歌TPU芯片　　　　　　　　　图12-15　人脑结构

人脑内有上千亿个神经元，而且每个神经元都通过成千上万个突触与其他神经元相连，形成超级庞大的神经元回路，以分布式和并发式的方式传导信号，相当于超大规模的并行计算，因此计算力极强。人脑的另一个特点是，不是大脑的每个部分都一直在工作，从而整体能耗很低。

类脑芯片跟传统的冯·诺依曼架构不同，它的内存、CPU和通信部件是完全集成在一起，把数字处理器当作"神经元"，把内存作为"突触"。除此之外，在类脑芯片上，信息的处理完全在本地进行，而且由于本地处理的数据量并不大，传统计算机内存与CPU之间的瓶颈不复存在了。同时，"神经元"只要接收到其他"神经元"发过来的脉冲，这些"神经元"就会同时做动作，因此"神经元"之间可以方便快捷地相互沟通。

2014年IBM发布了TrueNorth类脑芯片（如图12-16所示），这款芯片在直径只有几厘米的空间里，集成了4096个内核、100万个"神经元"和2.56亿个"突触"，能耗只有不到70mW，可谓是高集成、低功耗的完美演绎。

图12-16　装有16个TrueNorth类脑芯片的DARPA SyNAPSE主板

IBM研究小组曾经利用做过DARPA的NeoVision2 Tower数据集做过演示。它能以30帧/s的速度，实时识别出街景视频中的人、自行车、公交车、卡车等，准确率达到了80%，比一台笔记本电脑编程完成同样的任务用时要快100倍，笔记本电脑的能耗却是

IBM芯片的1万倍。

（5）类脑芯片技术发展的困难　然而目前类脑芯片研制的挑战之一，是在硬件层面上模仿人脑中的神经突触，即设计完美的人造突触。

在现有的类脑芯片中，通常用施加电压的方式来模拟神经元中的信息传输。但存在的问题是，大多数由非晶材料制成的人造突触中，离子通过的路径有无限种可能，难以预测离子究竟走哪一条路，造成不同神经元电流输出的差异。

针对这个问题，2018年麻省理工学院的研究团队制造了一种类脑芯片，其中的人造突触由硅锗制成，每个突触约25nm。对每个突触施加电压时，所有突触都表现出几乎相同的离子流，突触之间的差异约为4%。与无定形材料制成的突触相比，其性能更为一致。

即便如此，类脑芯片距离人脑也还有相当大的距离，毕竟人脑里的神经元个数有上千亿个，而现在最先进的类脑芯片中的神经元也只有几百万个，连人脑的万分之一都不到。因此这类芯片的研究，离成为市场上可以大规模广泛使用的成熟技术，还有很长的路要走，但是长期来看类脑芯片有可能会带来计算体系的革命。

3. AI芯片技术应用案例

① 2018年7月4日，百度CEO李彦宏在2018年百度AI开发者大会上宣布推出由百度自主研发的中国首款云端全功能AI芯片——"昆仑"（如图12-17所示）。其参数如下：14nm工艺，260Tops性能，512GB/s内存带宽，100W功耗。昆仑AI芯片具有高效、低成本和易用三大特征，其针对语音、NLP、图像等专门优化，同等性能下成本降低为其他产品的1/10，支持paddle等多个深度学习框架，编程灵活度高，灵活支持训练和预测。

② IFA 2017年大会上，华为自豪地公布了其在人工智能领域上所取得的成就，同时推出了全球首款智能手机AI芯片——麒麟970神经网络处理器NPU（如图12-18所示）。

图12-17　"昆仑"发布会　　　　　　图12-18　麒麟970神经网络处理器NPU

麒麟970搭载的神经网络处理器NPU采用了寒武纪IP。麒麟970采用TSMC 10nm工艺制成，拥有55亿个晶体管，功耗相比上一代芯片降低20%。CPU架构方面为4核A73+4核A53组成8核心，能耗同比上一代芯片得到20%的提升；GPU方面采用了12核Mali G72 MP12 GPU，在图形处理以及效能两项关键指标方面分别提升20%和50%；NPU采用HiAI移动计算架构，在FP16下提供的运算性能可以达到1.92 TFlops，相比四个Cortex-A73核心，处理同样的AI任务，有大约50倍效能和25倍性能优势。

③ 2011年8月，IBM率先在类脑芯片上取得进展，他们在模拟人脑结构基础上，研

发出两个具有感知、认知功能的硅芯片原型。但因技术上的限制，IBM戏称第一代True-North为"虫脑"。2014年TrueNorth第二代诞生，它使用了三星的28nm的工艺，共用了

54亿个晶体管，其性能相比于第一代有了不少提升，每平方厘米功耗仅为20mW，是第一代的百分之一，直径仅有几厘米，是第一代的十五分之一（如图12-19所示）。

TrueNorth芯片每个核都简化模仿了人类大脑神经结构，包含256个"神经元"（处理器）、256个"轴突"（存储器）和64000个"突触"（"神经元"和"轴突"之间的通信）。总体来看，TrueNorth芯片由4096个内核，100万个"神经元"、2.56

图12-19　IBM TrueNorth芯片

亿个"突触"集成。此外，不同芯片还可以通过阵列的方式互联。IBM称如果48颗True-North芯片组建起具有4800万个神经元的网络，那这48颗芯片带来的智力水平将相似于普通老鼠。

从2014年亮相后，这款芯片一直没有大的动作。2019年，TrueNorth终于传出了新进展，有报道称IBM公司即将开发由64个TrueNorth类脑芯片驱动的新型超级计算机。这一计算机能进行大型深度神经网络的实时分析，可用于高速空中真假目标的区分，并且功耗比传统的计算机芯片降低4个数量级。如果该系统功耗可以达到人脑级别，那么理论上就可以在64颗芯片原型基础上进一步扩展，从而能够同时处理任何数量的实时识别任务。

④ 2019年7月，芯片巨头英特尔展示了其首款自学习神经元芯片Loihi，如图12-20所示。Loihi芯片可以像人类大脑一样，通过脉冲或尖峰传递信息，并自动调节突触强度，通过环境中的各种反馈信息，进行自主学习、下达指令。据英特尔方面称Loihi内部包含了128个计算核心，每个核心集成1024个人工神经元，总计13.1万个神经元，彼此之间通过1.3亿个突触相互连接。相比于人脑内的神经元，Intel这款芯片的运算规模仅仅比虾脑大一点。但根据英特尔给出的数据，Loihi的学习效率比其他智能芯片高100万倍，而在完成同一个任务所消耗的能源仅为1/1000。

图12-20　英特尔神经拟态芯片

国务院印发《新一代人工智能发展规划》，明确指出人工智能成为国际竞争的新焦点，应逐步开展全民智能教育项目，在中小学阶段设置人工智能相关课程，逐步推广编程教育，建设人工智能学科，培养复合型人才，形成我国人工智能人才高地。国家领导在中央全面深化改革委员会第七次会议中强调：要把握新一代人工智能发展的特点，促进其和实体经济的深度融合。再一次突显出研究人工智能在当今时代的重要性。

（1）中小学　从我国的AI教育相关课程实践来看，国内目前开设的人工智能课程比较单一，还没有形成一套完善的体系，涉及的层面也比较简单。学校内多开展的还是STEAM（科学、技术、工程、艺术及数学）创新教育，专门的编程等教学还是以课外培训机构提供为主。而在线教育产业发展将成为未来中小学人工智能教育的一大趋势之一。

从中小学的知识层次来看，可以进行基础的游戏化、图像化的编程教育。而操作载体方面，教育机器人就是其中之一。中小学生可以通过编程的方式控制机器人，培养创新和逻辑思维。兴趣培养起来后，可为今后高等教育阶段的专业学习打下好的基础。中小学中开展AI相关课程，应该偏向于基础性的编程教育，培养机器学习的思维，让中小学生对主流的人工智能有个初级认识。此外，可以进行机器人编程普及。这个并不是要求中小学生写代码，而是通过模块化的操作，实现一些功能。例如，让机器人踢足球、行走等。图像识别上，可以对图片进行分类和特征提取，达到深度学习的目的。

（2）大学/高等院校　人工智能专业是中国高校计划设立的专业，旨在培养中国人工智能产业的应用型人才，推动人工智能一级学科建设。2018年4月，教育部研究制定《高等学校引领人工智能创新行动计划》，并研究设立人工智能专业，进一步完善中国高校人工智能学科体系。2019年3月，教育部印发了《教育部关于公布2018年度普通高等学校本科专业备案和审批结果的通知》，根据通知，全国共有35所高校获首批人工智能新专业建设资格。分别是：

北京：北京科技大学、北京交通大学、北京航空航天大学、北京理工大学；

江苏：南京大学、东南大学、南京农业大学、江苏科技大学、南京信息工程大学；

天津：天津大学；

山西：中北大学；

辽宁：东北大学、大连理工大学；

黑龙江：哈尔滨工业大学；

吉林：吉林大学、长春师范大学；

上海：上海交通大学、同济大学；

浙江：浙江大学；

福建：厦门大学；

山东：山东大学；

湖北：武汉理工大学；

四川：四川大学、电子科技大学、西南交通大学；

重庆：重庆大学；

陕西：西安交通大学、西安电子科技大学、西北工业大学；

甘肃：兰州大学；

安徽：安徽工程大学；

江西：江西理工大学；

河南：中原工学院；

湖南：湖南工程学院；

广东：华南师范大学。

人工智能相关专业：电子信息和自动化专业、计算机、大数据、软件工程、应用数学、模式识别、智能科学与技术等。目前大部分实力较强的大学都已经开设人工智能相关专业。

人工智能入门需要掌握这些课程知识：

① 基础数学知识：线性代数、概率论、统计学、图论；

② 基础计算机知识：操作系统、Linux、网络、编译原理、数据结构、数据库；

③ 编程语言基础：C/C++、Python、Java（Python为核心）；

④ 人工智能基础知识：ID3、C4.5、逻辑回归、SVM、分类器等算法的特性、性质和其他算法对比的区别等内容；

⑤ 工具基础知识：opencv、matlab、caffe等。

人工智能是一门边缘学科，属于自然科学和社会科学的交叉。人工智能涉及的学科包括：计算机科学、信息论、控制论、自动化、仿生学、生物学、心理学、数理逻辑、语言学、医学和哲学等多门学科，可以说人工智能几乎涵盖所有领域，未来将会有更多的人工智能相关专业出现。

（3）社会人士群体　目前时代处于人工智能的风口，应该建立国家重视、学校支持、公益行动、创业有效的协同机制以发展人工智能编程教育产业。针对社会人士群体的人工智能教育，除了高校进修，学习AI的途径主要为在线教育。

随着终身教育的理念被广泛认可，人们对于教育培训的需求日益增长，在线教育逐渐成为人们满足教育培训需求的重要方式之一。在线教育是教育与移动互联网深度融合的产物，借助于移动互联网技术的升级，特别是大数据与人工智能技术的广泛运用，可以促进在线教育产业的发展。但是在线教育也面临着现场教学感不足、系统性有待提升、课程完成率偏低、课程质量难以保证、教师授课压力大、缺乏社会认可等发展瓶颈，制约着其进一步发展。应用大数据与人工智能能够帮助在线教育突破瓶颈，可以预见未来在线教育的发展趋势以及课堂新模式——翻转课堂、虚拟课堂与共享课堂。

随着计算机和互联网技术的发展，人工智能作为革命性技术得到广泛的应用，人工智能对学校的培养目标、培养模式、课程设置，教师的根本任务、教育能力、基本素养以及学生的学习方式都产生了重大的影响。现代教育进入了一个人工智能教师与传统教师共生的时代。在人工智能背景下，未来教育可以为社会人士群体提供个性化学习平台。

参考文献

[1] 陈永方，陈明. 浅谈自动化生产线的发展 [J]. 广西轻工业，2011（1）：60-61.

[2] 姚志良. 工业机械手浅谈系列文章 [J]. 组合机床与自动化加工技术，1977（1）.

[3] 张桂香，等. 机电类专业毕业设计指南 [M]. 北京：机械工业出版社，2005.

[4] 张应金. PLC在机械手搬运控制系统中的应用 [J]. 自动化博览，2008（2）：71-73.

[5] 张钦国. 基于液压驱动的四自由度机械手的运动仿真与优化设计 [D]. 吉林：吉林大学，2011.

[6] 熊幸明. 曹才开. 一种工业机械手的PLC控制 [J]. 微计算机信息，2006（11）：120-122.

[7] 胡泉灵，张汉生. 喷浆机械手的分类 [J]. 矿山机械，1996（3）.

[8] 王雄耀. 近代气动机器人（气动机械手）的发展及应用 [J]. 液压气动与密封，1999（5）.

[9] 陶湘厅，袁锐波，罗璟. 气动机械手的应用现状及发展前景 [J]. 机床与液压，2007（8）.

[10] 孙洁，李倩，刘广亮，等. 四轴码垛机器人的机构设计及运动分析 [J]. 山东科学，2011（1）.

[11] 陶国良，王宣银，路甬祥. 3自由度气动比例/伺服机械手连续轨迹控制的研究 [J]. 机械工程学报，2001（3）.

[12] 孙恒辉，骆敏舟，朱德泉. 三自由度螺栓拆卸机械手的设计及动力学分析 [J]. 机床与液压，2011（1）.

[13] 陈冰冰. 气动机械手的结构设计、分析及控制的研究 [D]. 上海：东华大学，2006.

[14] 王坤，何小柏. 机械设计 [M]. 北京：高等教育出版社，1996.

[15] 姜培刚，盖玉先. 机电一体化系统设计 [M]. 北京：机械工业出版社，2008.

[16] 张建民. 机电一体化系统设计 [M]. 北京：北京理工大学出版社，1996：108-110.

[17] 陈立定，等. 电气控制与可编程序控制器的原理及应用 [M]. 北京：机械工业出版社，2004.

[18] 赵秉衡. 工厂电气控制设备 [M]. 北京：冶金工业出版社，2001.

[19] 王炳实. 机床电气控制（第三版）[M]. 北京：机械工业出版社，2004：146-162.

[20] 夏鲁刚. 机器人智能控制方法研究及控制器设计 [J]. 机械工程师，2006（12）.

[21] 陶湘厅，袁锐波，罗璟. 气动机械手的应用现状及发展前景 [J]. 机床与液压 2007（8）：226-228.

[22] 言纪兰，董峰. 基于PLC控制的搬运机械手的应用 [J]. 机械工程与自动化，2008（2）：156-158.

[23] 韩服善，王建胜. 基于SolidWorks2000的圆柱坐标型工业机械手设计 [J]. 起重运输机械，2008（12）：41-45.

[24] 胡学林. 可编程控制器应用技术（第2版）[M]. 北京：高等教育出版社，2005.

[25] 黄伟. 基于可编程序控制器磁选除铁机控制系统的设计 [J]. 电气自动化，2007，29（6）：32-33.

[26] 吴启红. 变频器、可编程控制器及触摸屏综合应用技术实操指导书 [M]. 北京：机械工业出版社，2007.

[27] 李明. 单臂回转机械手设计 [J]. 制造技术与机床，2005（7）：61-63

[28] 张军，封志辉. 多工步搬运机械手的设计 [J]. 机械设计，2000（4）.

[29] 李允文. 工业机械手设计 [M]. 北京：机械工业出版社，1996.

[30] 李超. 气动通用上下料机械手的研究与开发 [D]. 西安：陕西科技大学. 2003.

[31] 孙克梅. 直流伺服电机的单片机控制及应用 [J]. 沈阳航空工业学院学报, 2003（2）：50-52.

[32] 卜弘毅, 侯庭波, 蒋鑫, 刘军伟. 单片机实现自控机器人小车 [J]. 电子世界, 2003（1）：21-23.

[33] 刘群山, 李志勇, 王勇. 冲床送料装置的单片机自适应控制 [J]. 组合机床与自动化加工技术. 1999（3）：38-40.

[34] Jae Wook Jeon, Yun-Ki Kim. FPCA based acceleration and deceleration circuit for industrial robots and CNC machine tools [J]. Mechatronics, 2002（12）：63-65.

[35] 耿洪兴, 张乐年, 谭坚红, 等. 基于STC单片机的机械手运动控制研究 [J]. 机械制造与自动化. 2010, 39（5）：150-152.

[36] 邓星钟. 机电传动控制 [M]. 武汉：华中科技大学出版社, 2001：349-351.

[37] 周凯. 精密数控机床的转角-线位移双闭环位置控制系统 [J]. 中国机械工程. 1998（8）：12-16.

[38] 林建伟. 电机驱动用H桥组件LMD18200的应用 [J]. 国外电子元器件. 1998（9）：10-12.

[39] 彭西. 基于深度学习的柔性装配机械手零件动态识别与定位研究 [D]. 重庆：重庆理工大学, 2019.

[40] 国内首款法律服务机器人亮相. 人民日报 [2018-05-14].

[41] 物流园运货机器人叫"曹操" 智能穿戴派上用场. 天津北方网 [2015-08-10].

[42] 腾讯云小微智能语音交互服务升级, Temi机器人开启预售. 中国经济网 [2019-09-06].

[43] 科技日报. 自动躲避障碍物 微型蜂鸟机器人靠AI算法飞行 [J]. 机床与液压, 2019（10）.

[44] 左德仁, 刘冰阳. 微型机器人在短波发射机冷却水路清洁中的运用 [J]. 西部广播电视, 2018.

[45] 董永汉. 一种网络聊天机器人的研究与实现 [D]. 杭州：浙江大学, 2017.

[46] 蒲巧. 聊天机器人在英语练习中的应用研究 [D]. 成都：西南科技大学, 2019.

[47] 李穗平. 军用机器人的发展及其应用 [J]. 电子工程师, 2007,（5）：64-66.

[48] 陈旭武. 国外地面军用机器人的研制现状 [J]. 黄石理工学院学报, 2006,（5）：80-82.

[49] 黄远灿. 国内外军用机器人产业发展现状 [J]. 机器人技术与应用, 2009,（2）：25-31.

[50] 赵小川, 罗庆生, 韩宝玲. 机器人多传感器信息融合研究综述 [J]. 传感器与微系统. 2008（8）.

[51] 张云洲, 吴成东, 崔建江, 丛德宏. 基于机器人竞赛的大学生创新素质培养与实践 [J]. 电气电子教学学报. 2007（01）.

[52] 姜树海. 机器人竞赛与大学生素质创新教育 [J]. 森林工程. 2009（6）.

[53] 张炜. 网络机器人研究与发展分析 [J]. 机器人技术与应用. 2010（1）：23-27.